矿山企业安全管理

刘志伟　刘澄　祁卫士　著

冶金工业出版社

2013

内 容 提 要

　　本书围绕矿山企业的安全管理这一核心课题,首先对我国的矿山安全形势进行全面的分析,并以此为出发点,分别从国际经验与现代安全管理理论两个角度深入探讨了矿山企业安全管理的成功经验与先进理念,以当前我国矿山企业安全生产的外部监管体系为基本环境条件,提出了构建矿山企业安全管理体系的新思路。

　　本书主要读者对象是矿山企业从事安全生产的管理人员和科研院所、大专院校从事安全生产管理研究的学者及政府机构从事安全生产管理的工作人员等。

图书在版编目(CIP)数据

　　矿山企业安全管理/刘志伟等著. —北京:冶金工业出版社,2007.7 (2013.1 重印)
　　ISBN 978-7-5024-4298-9

　　Ⅰ. 矿… 　Ⅱ. 刘… 　Ⅲ. 矿山安全—工业企业管理—研究—中国 　Ⅳ. TD7

　　中国版本图书馆 CIP 数据核字(2007)第 091495 号

出 版 人　谭学余
地　　　址　北京北河沿大街嵩祝院北巷 39 号,邮编 100009
电　　　话　(010)64027926　电子信箱　yjcbs@ cnmip. com. cn
责任编辑　戈　兰　美术编辑　李　新　版式设计　张　青
责任校对　杨　力　李文彦　责任印制　李玉山
ISBN 978-7-5024-4298-9
冶金工业出版社出版发行;各地新华书店经销;北京百善印刷厂印刷
2007 年 7 月第 1 版,2013 年 1 月第 3 次印刷
850mm×1168mm　1/32;8 印张;214 千字;243 页
25.00 元
冶金工业出版社投稿电话:(010)64027932　投稿信箱:tougao@cnmip. com. cn
冶金工业出版社发行部　电话:(010)64044283　传真:(010)64027893
冶金书店　地址:北京东四西大街 46 号(100010)　电话:(010)65289081(兼传真)
　　　　(本书如有印装质量问题,本社发行部负责退换)

前　言

本书围绕着矿山企业的安全管理这一核心课题，首先对我国的矿山安全形势进行全面的分析，并以此为出发点，分别从国际经验与现代安全管理理论两个角度深入探讨了矿山企业安全管理的成功经验与先进理念，以当前我国矿山企业安全生产的外部监管体系为基本环境条件，提出了构建矿山企业安全管理体系的新思路。该体系的构建以安全第一、预防为主，"一把手"工程，与外部监管环境的良性互动，高度关注员工职业健康和全员参与五项原则为指导，以持续改进、过程方法、系统方法、科学决策和规范化、文件化的管理等五种方法作为体系建设的基本手段，系统地给出了安全管理体系的概念体系，并结合我国矿山安全管理实际，就体系运行体制、安全生产过程的运作机制以及体系的测量与改进机制进行了深入探讨，分别从矿山企业安全管理体系的组织、制度、文化、人力资源配置与培训、职业健康及劳动保护、危险源、基本过程、应急预案与事故处理、体系测量与改进、安全评价等各个方面对体系建设进行全面深入的探讨，给出了切合实际的措施建议。本书选择微观矿山企业的安全管理为研究对象，立足于我国监管环境和国际先进经验，密切联系矿山企业安全管理实际，以先进的安全理念为指导，强调系统方法和过程化方法，深入细致地给出了矿山企业安全管理的解决方案，对于众多矿山企业安全管理不无借鉴意义。

研究表明,当一个国家的人均 GDP 在 1000～3000美元时,正值安全生产事故的高发期。近年来,我国矿山企业的安全生产问题日益凸现,重特大事故多发,矿山安全形势严峻。应该说,矿山企业安全建设涉及到两个层面的责任落实问题,一方面是安全生产的外部综合监管建设,另一方面则是矿山企业的安全管理与责任的落实。希望本书的出版发行能促进和提高我国的安全生产管理水平。

本书的主要读者对象是矿山企业从事安全生产的管理人员和科研院所,大专院校从事安全生产管理研究的学者,大专院校管理工程专业、采矿工程专业、矿物工程专业、安全科学与工程专业、安全工程专业、工业安全专业、矿井安全专业、安全系统工程等专业师生和政府机构从事安全生产管理的工作人员等。

如读者发现书中有不妥之处,恳请不吝赐教。

作　者
2007 年 2 月于北京科技大学

目　　录

第一章 引 论

第一节 问题的提出

近年来,我国工业生产,特别是矿山企业的安全生产问题日益凸现。发达国家的经验表明,安全生产事故峰值最高的年份,正是一个国家经济发展最快、工业发展重型化的时期,如日本 20 世纪 60 年代,每年因工伤事故死亡 6000 多人,而今每年仅死亡 1800 多人;美国的煤炭生产在二战前,每年事故死亡 2000 人以上,而现在每年仅死亡 30 人左右。研究表明,当一个国家的人均 GDP 在 1000～3000 美元时,正值安全生产事故的高发期,而我国当前正处于这样一个非常时期,在经济高速增长的压力下,生产事故和伤亡人数急剧攀升。中国安全生产科学研究院院长刘铁民通过对新中国成立 50 多年来工伤事故死亡人数与同期国民经济增长率等有关数据进行分析研究,得出结论:工伤事故死亡指数与 GDP 同步增长,当我国 GDP 增长率大于 5％时,每增加一个百分点,死亡人数指数随之增加 2.2％,当 GDP 增长率超过 7％,这种同步增长的趋势更为明显。

我国矿山安全形势的严峻性,突出表现在煤矿等重特大事故多发,2005 年,一次死亡 10 人以上的事故多达 134 起,事故起数同期增加 3 起,死亡人数同期增加 17％,仅百人以上的矿难就发生了四起。同时非煤矿山企业的特大事故也居高不下,2005 年 11 月,河北邢台就发生了死亡 34 人的石膏矿事故,说明除了煤炭以外,在其他矿山安全管理上也存在着明显的漏洞和薄弱环节❶。

---

❶　由 http://www.chinasafety.gov.cn/anquanfenxi/anquanfenxi.htm(2006 年 1 月 10 日)的相关资料及数据整理而成。

事故频发，矿山企业安全生产形式严峻，既有主观原因，也有一定的客观原因，有历史的积淀也有新情况、新问题，有浅层次的表象也有深层次的矛盾和问题。主观上，就是有法不依，措施不落实或者落实不到位，部分还停留在会议上、文件上、口头上，没有真正落实到县、乡、煤矿、企业，一些企业履行主体责任不到位，思想麻痹、管理滑坡、隐患严重，职工队伍的素质下降。不少民营小企业不讲安全，管理混乱，甚至无视国法、无视监管、草菅人命、违法乱纪。一些地方贯彻党的方针决策不坚决、不得力，有的借整合之名逃避关闭，贯彻整顿、关闭措施不坚决、不得力，甚至借整改逃避关闭，对整顿关闭敷衍了事走过场。还有一些监管部门、行业主管部门工作不落实、不到位。

　　客观上，一方面是矿山行业的经济增长方式落后，高耗能、高污染、高投入，同时行业管理弱化，标准规范长期不修订，企业投入不足，历史欠账严重，安全管理严重滑坡等；另一方面，也表现在矿山职工缺乏培训，缺乏安全素质，存在一定的腐败，权钱交易，官商勾结等深层次原因。

　　应该说，矿山企业安全问题涉及到两个层面的责任落实问题。一方面是矿山企业安全生产的外部综合监管建设，另一方面则是矿山生产企业的安全责任落实问题，其核心就是在企业内建立有效的安全生产体制、机制和综合化安全管理体系。从实践上看，近年来我国对矿山企业生产安全的问题给予高度关注，并采取了一系列措施加大对矿山企业安全生产的综合监管力度。应该说，从1993年5月1日国家劳动部颁布实施的《中华人民共和国矿山安全法》，到1996年10月30日国家劳动和社会保障部颁布实施了《中华人民共和国矿山安全法实施条例》，再到2002年颁布的《中华人民共和国安全生产法》，我国已经形成了比较完善的安全生产法律、法规体系，同时，党中央、国务院近年来对矿山企业的安全生产问题也给予高度重视，进一步加大了"预防为主"的监管力度；2005年，全国人大常委会专门开展了安全生产法执法检查，揭示了安全生产的深层次问题；中央纪委牵头，清理纠正国家机关工作人员和国企负责人投资入股煤矿的问题,查处事故背后的腐败,查处权钱交易、官商勾结,矿山企业安全生产形式有了一定好转,2005 年全国矿山企业安全事故的起数下降了 10.7%,死亡人数下降了 7.1%,全国有 29 个省市加上新疆建设兵团 30 个省级单位,死亡人数在控制指标之内。

同时,矿山生产企业内部的安全管理工作也不断得到重视。实践中主要是加强了以下四个方面的工作:一是不断加强区队、班组自身建设,积极推行区队自治、班组自主、个人自律的安全管理模式,完善值班、跟班、安全联保、现场安全隐患排查等实用性、针对性强的现场安全管理制度。二是全面落实各级管理干部必须履行本职岗位的安全职责,不断提高安全洞察力和安全技术素质;落实管理人员安全生产责任制,为安全生产提供有力的组织保证;建立健全班组安全管理标准,根据班组生产性质不同,制定安全管理制度,如安全隐患排查制度,安全自检、互检和定检制度。三是加强安全教育培训,强化安全素质培训,提高职工安全技能,坚持安全教育责任化、科学化和八小时之外教育。四是落实安全生产责任,将安全生产作为一个系统工程,要求每一个操作环节都要严格按照安全规程、作业规程、操作规程,按照岗位责任制的规定,上标准岗、干标准活,实行严格的区队、班组安全考核,落实好班组长的安全责任。

在理论方面,相关研究机构、安全监督系统以及理论界就矿山安全问题也有大量的研究,但是基本上都是从安全技术、外部监管或者班组作业等矿山安全管理的某一方面展开,研究宏观层面的多,以具体矿山生产企业作为研究对象的少,针对某一特定问题研究的多,系统研究的少,特别是在对矿山生产企业如何构建有效的安全管理体系方面的研究过于泛化,难以对实践产生直接指导。

矿山安全问题在许多国家都普遍存在,虽然存在着国际上通行的矿山安全监管和管理的一般思路和方法,但是,各国国情不同,矿山企业的性质及技术条件也不一样,矿山安全管理体系的建设原则和基本思路也应是有差别的,本书主要是在从系统工程的角度深入考察矿山企业安全生产问题产生的背景以及成因,结合对国际矿山安全监管与管理的全面认识,基于我国矿山安全监管及生产企业所处的特定环境,立足于矿山企业安全,给出矿山生产企业的内部安全管理体系以及外部监管体系,力争能够为矿山生产企业安全管理提供切实有效的指导,这点是本书的最终目标,也是本书自始至终的一条基本原则。

第二节　研究方法与分析框架

本书以实务研究为重点,强调研究成果的实践性和前瞻性,这也是本书的最大特点。本书的编写原则为:

(1)系统性原则。围绕着矿山安全管理,系统考虑矿山企业的内部管理体系与外部安全监管体系以及其相互的内在关联性,力求从本质上把握矿山安全管理问题的整体,力求体系构建的全局性。

(2)可操作性原则。从具体中国国情、安全监管要求和矿山企业安全管理实际出发,基于当前和未来可预期的安全文化条件、技术条件以及经济环境的许可范围,提出安全管理体系的构建思路。

(3)先进性原则。对当前安全管理理论进行全面的归纳整理,结合国内、国际当前矿山安全管理的有益实践,选择构建矿山安全管理体系的可行方案,以防范和杜绝矿山安全事故为目的,全方位地加强安全管理体系建设。

本书研究涉及到理论与实务、国内与国际经验、宏观与微观等诸多范畴,因而基本研究方法也体现在以理论入手,由具体到抽象,再从抽象到具体,力求抽象与具体的有机结合。同时,基于特定的具体研究内容,本书注重规范研究与实证研究,定性分析与定量分析以及比较分析的综合使用,并且重点将矿山安全管理的外部监管体系与矿山企业的内部安全管理体系建设层面相结合,形成矿山企业的总体安全管理体系。

比较分析方法也是本书介绍的一种基本方法,由于矿山安全问题在全世界具有一定的普遍性,同时不同国情又有一定的独特性,因此,我们充分吸收和分析国际这一领域的研究和实践成果,比较安全监管和管理思路的适宜性,最终形成对我国矿山安全管理有意义的启示。

本书的目的在于系统探求我国矿山生产企业安全管理体系的构建,基本内容和思路基于如图 1-1 所示逻辑体系。

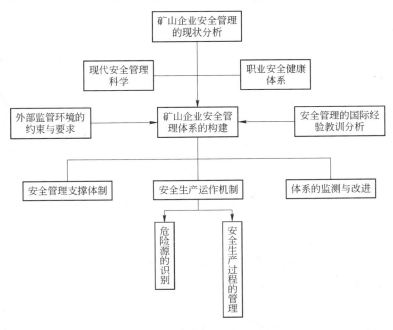

图 1-1　研究的基本逻辑体系

第二章 矿山企业安全管理的现状

第一节 我国矿山安全的形势[①]

我国自解放后经历了五次安全事故高峰,前四次是解放初期、"大跃进"时期、"文革"时期、1992~1993 第一轮工业改革时期,当前正处在第五次安全事故高峰期。

可以说,当前我国矿山企业的安全管理形势严峻,其灾害事故占我国矿山企业中重大灾害事故的 40%,是我国灾害事故的最大来源。"九五"期间,我国矿山职工因工伤事故死亡 46954 人,平均每年死亡 9390 人,每天死亡约 25 人,约占全国矿山企业职工死亡总数的 2/3。

2000 年仅煤矿事故死亡人数为 5798 人,煤矿的百万吨死亡率为 5.86。

2001 年发生一次死亡 3 人以上的重大伤亡事故共 120 起,平均每个月 10 起,每起事故平均死亡 5.6 人。2002 年全国非煤矿山发生事故次数和死亡人数比上年上升了 24.4%和 6.2%。

2002 年矿山领域共发生事故 5978 起,死亡 9047 人,分别占矿山企业事故总起数和死亡人数的 43.67%和 60.62%。煤矿事故死亡人数是世界主要采煤国家死亡人数的 4 倍,百万吨煤死亡率是美国的近 200 倍(2002 年)、印度的 12 倍。

2003 年,全国煤矿发生伤亡事故 4143 起,死亡 6434 人,分别

[①] 本节相关数据均来自国家安全生产监督管理总局网站 http://www.chinasafety.gov.cn/(2006 年 1 月 10 日)、中国安全生产科学研究院网站 http://www.chinasafety.ac.cn/(2006 年 1 月 10 日)的相关资料。

占全国矿山企业死亡事故起数的 26.56% 和死亡人数的 37.16%，占全国矿山死亡事故起数的 64.47% 和死亡人数的 69.00%。

2004 年、2005 年全国矿山安全事故情况见表 2-1。

表 2-1　2004 年、2005 年全国矿山安全事故情况

年　份	煤　矿		金属及非金属矿		合　计	
	事故/起	死亡/人	事故/起	死亡/人	事故/起	死亡/人
2004 年	3641	6027	2248	2699	5889	8726
2005 年	3341	5986	1857	2235	5234	8280
下降率/%	8.2	0.7	17.4	17.2	11.1	5.1

2001～2005 年期间，各类矿山安全事故及死亡人数的走势图如图 2-1 所示。

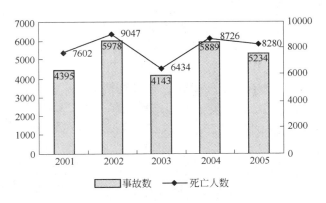

图 2-1　2001～2005 年全国矿山安全事故及死亡人数走势图

2005 年我国矿山安全，特别是煤矿安全生产状况，虽然在事故总量、重大事故下降及煤炭百万吨死亡率等指标有所下降，但是，情形仍不容乐观。具体体现出以下几个特点：

（1）乡镇煤矿事故所占比例大。乡镇煤矿原煤产量仅占全国煤矿的 38%，2005 年其事故发生起数和死亡人数分别占 77.1% 和 74.5%。

（2）事故平均死亡率居高不下，国家重点煤矿的重大事故呈上升趋势。2005年，国有重点煤矿、国有地方煤矿、乡镇煤矿的每起事故平均死亡人数分别为2.62人、1.41人和1.74人。全国煤矿平均每起特大事故死亡人数为30人，国有重点煤矿平均每起事故死亡高达58.6人，乡镇煤矿和国有地方煤矿分别为25.2人和12.5人。

（3）瓦斯事故和顶板事故构成煤炭安全事故的主体。2005年，瓦斯事故和顶板事故共计2192起，占煤炭事故的比例为65.6%，两类事故的死亡人数占全国煤矿事故总死亡人数的69.3%。

（4）安全的严峻形势由局部性向全国性蔓延。新疆、广东等以前安全生产形势较好的区域在2005年也连续发生多起10人以上事故。

（5）平均每起事故死亡人数有增加趋势。2005年平均每起事故死亡1.79人，较2004年的1.66人，单起事故死亡人数增加0.14人，同比上升8.3%。

（6）事故发生与管理不到位存在直接关联。2005年发生的58起特大事故中，其中发生在停产整顿矿井的29起，占50%；发生在基建、技改矿井的15起，占25.9%；发生在转制矿井的13起，占22.4%。

应该说，我国对于矿山安全生产工作一直给予高度重视，国家从法律的角度颁布了《安全生产法》、《矿山安全法》、《煤炭法》等一系列安全生产法律法规；各级人民政府、各级矿山主管部门、矿山企业也出台和采取了一系列防止煤矿事故发生的方针政策和措施，但是矿山安全生产的形势一直比较严峻。从1950~2000年，我国煤矿发生瓦斯煤尘爆炸事故367起；发生煤矿瓦斯中毒、窒息事故80多起；发生煤与瓦斯突出事故54起；发生煤尘爆炸33起。还有煤矿火灾事故、顶板事故、透水事故等。特别是2001年至今，矿山企业的各类事故没有得到遏止，事故频发，同类事故接连发生，特别是重特大恶性事故。严重影响了我国煤矿安全形势。

第二节 我国矿山安全管理的经验与教训

一、基本成绩

建国以来,我国对矿山安全生产非常重视,并根据矿山安全生产的客观要求,结合我国实际做了大量的开创性工作,基本成绩体现在以下几个方面:

(1)初步建立了多方参与的矿山安全生产体系。自建国开始,国家就将矿山安全生产列为政府管理的重要职责,成立了矿山安全生产管理部门,确定了"安全第一、预防为主"的安全生产管理方针,并不断完善由国家、地方、企业、劳动者、社会参与的矿山安全生产体系,初步形成了政府监管、群众关注、企业重视、社会支持的矿山安全生产氛围。

(2)逐步实现了矿山安全生产的法制化。目前,我国已经初步形成了矿山安全生产法律、法规体系,一些重要矿山安全技术标准已开始与国际接轨。在矿山安全生产实践中形成了一些科学性、适用性很强的制度和法规,如各行业、各级政府的矿山安全生产监管体系与制度,矿山安全生产管理责任制等,安全生产已见效果。

(3)全面综合治理和专项治理的力度不断强化。适应我国经济社会发展需要和安全生产要求,以对事故多发的矿山企业进行综合治理和持续专项整治为重点,各级政府、监察及相关部门对矿山安全生产的领导、监管责任和矿山企业保证安全生产的主体责任不断得到落实和加强,各项制度不断完善,依法查处事故的力度得以强化。

(4)安全监管框架初步形成。我国全面推行安全生产许可制度,综合改革和调整国家安全监管体制,以搞好"三项建设"、组建"六个支撑体系"和实现"五个转变"、"五项创新"为主要内容的安全监管框架基本形成●。

（5）矿山事故总量上升的趋势得到一定抑制，矿山企业的安全生产状况得到一定程度的改善。

二、我国矿山安全生产工作的主要教训

我国矿山安全生产工作的主要教训有：

（1）矿山安全生产法制建设不完善或有法不依的问题比较突出。一方面表现在矿山安全生产有关法律、法规没有很好地配套细化，安全技术标准不健全和法律地位低下等一系列问题；另一方面也表现在矿山企业有法不依，不按法律法规和矿山安全技术标准办企业，甚至存在非法生产，不治理事故隐患冒险生产等现象。

（2）片面追求经济效益而在生产经营中忽略了"安全第一"的方针。特别是在供给不足的情况下，一味盲目追求产量、速度，忽视或背离"安全第一、预防为主"的方针，偏离我国矿山安全生产客观规律的现象时有发生，在某种意义上成为矿山安全生产形势恶化的直接原因。

（3）安全投入不足。一方面，对矿山企业安全监管不力，矿山企业安全投入严重不足；另一方面，矿山企业的风险意识和安全成本观念比较淡薄，存在一定的短期化经营倾向，对安全投入重视不足。

（4）安全管理科技水平不高。依靠科技进步提高高风险行业的安全生产水平仍存在较大的差距，例如煤矿、矿山等仍是安全生产的难点。

● "三项建设"是指安全生产管理体制、法制和执法队伍建设。

"六个支撑体系"是指安全生产的法律法规、信息工程、技术保障、宣传教育、培训和应急救授等。

"五个转变"是指要把安全生产工作：从人治向法治转变；从被动防范向源头管理转变；从集中开展专项整治向规范化、经常化、制度化管理转变；从事后查处向事前预防转变；从控制伤亡事故为主向全面做好人民群众安全健康工作转变。

"五项创新"是指安全生产思想观念、监管体制、监管手段、科学技术和企业文化等。

（5）经济快速发展，安全治理滞后。对中小矿山企业和外资合营企业快速发展带来的安全问题缺乏心理准备和监管手段，特别是对个体经济牺牲劳动者生命与健康获取最大利益的问题治理严重滞后。

（6）缺乏社会监督。在动员社会力量参与安全工作，全面提高人们关爱生命和健康以及安全生产素质方面，与安全生产的现实要求还有很大的差距。

三、国内矿山企业安全管理的基本经验

回顾总结建国以来，特别是近些年来我国矿山安全生产工作，应认真总结和继续坚持的基本经验主要有：

（1）坚持科学发展观，安全第一。在矿山生产经营的全过程全面贯彻"安全第一，预防为主"的方针是关键。对制约矿山安全生产的各类矛盾，要集中力量加以解决，推进矿山安全生产整体工作；坚持"安全第一"方针，充分认识安全与生产、安全与效益之间的关系，建立"安全第一"的矿山企业文化。

（2）全面推进矿山安全生产的法制化。强化政府行政职能，从人民群众根本利益出发，提出矿山安全生产发展目标和工作要求；根据安全生产形势和客观条件变化不断调整工作部署，改革、完善安全监管体制；充分运用法律、行政、经济调控等手段解决矿山安全生产发展过程中的突出问题。

（3）强化矿山企业的安全生产责任。将安全生产作为矿山企业经营的第一要务，将其生存与发展建立在安全生产的基础之上，严格落实安全生产准入制度，提高建矿标准，提高生产规模和集约化程度，强化矿山安全生产保障能力；对于不具备安全生产条件的、不及时处理安全隐患的、不建立安全生产责任制度的、不遵守国家有关安全生产法律、法规的矿山企业坚决进行整治，依法追究发生安全生产事故的责任人。

（4）坚持安全管理的系统化。矿山安全应坚持日常监管与集中整治相结合、一般治理与重点治理相结合的原则，强调全过程管

理与精细化管理,坚持矿山安全生产管理工作的日常化,同时对突出问题和薄弱环节又要有针对性地集中整治。

(5)提升安全保障能力。积极开发和引进先进的安全生产与管理技术,是提升安全保障能力的基础。鼓励和引导矿山企业采用有利于安全生产的先进技术、装备和生产方式。对采用落后生产方式和技术、装备,特别是对矿山安全生产影响较大又不整改的,要运用行政、经济手段和力量,使其退出,使整体生产力水平适应安全生产的要求。

(6)全面提升职工综合能力和素质。全面提升矿山企业及其职工安全生产的综合能力与素质是关键。真正实现矿山安全生产,最终要依靠矿山企业及其职工的认识,不断提高劳动者的安全意识、自我保护意识和操作水平。

第三节 当前我国矿山企业
安全管理存在的主要问题

一、安全生产的监管环境有待改善

一是矿山安全生产法律法规体系不健全,执法弱化。一方面,表现在与《安全生产法》、《矿山安全法》、《煤炭法》、《职业病防治法》相配套的法规有待完善,安全生产法规体系适用性和可操作性有待提高,安全生产法制观念有待加强。另一方面,表现在矿山安全生产执法力度不强。执法部门多,执法与管理职能需要协调,综合安全监管缺乏足够的执法权威,特别是对中小矿山企业安全监督管理不到位。

二是尚未形成有效的矿山安全生产支撑与保障体系。具体表现为:矿山安全生产监管体制和安全生产运行机制就有待于改善;国家安全监察与地方属地管理的职责需要明确;外部监管体系不完善,具体表现为:政府监管体系不完善,中介技术服务水平较低,社会监督作用较薄弱,矿山企业安全管理模式不合理等。

三是外部监管体制滞后于经济体制改革的进程。当前,矿山企业的经济成分、经营方式、用工形式呈现多元化,私营、个体企业大量涌现,大批农民工的介入,使煤矿安全管理及其监督监察的难度和复杂性加大。对于因矿山企业产权多元化、规模扩张过快,就业人员急剧增加等原因给安全生产带来的许多新情况、新问题,外部监管体制反映滞后。

二、安全生产责任落实不到位

一是安全生产主体不适应安全生产的要求。由于历史原因和经济发展的要求,我国多数矿山企业还不能满足安全生产的必备条件,与安全生产的主体地位很不相称。特别是 20 世纪 90 年代以来,对于国有企业来说,随着大量国有矿山企业的股份制改制,一些矿山企业开始快速扩张,由于扩张速度较快,管理层次繁杂和跨地区、跨行业等因素,在部分企业中,安全生产实际处于不能有效控制状态,主体地位和安全生产责任也很难落实;对于以私营和个体为主的中小矿山企业而言,这些企业绝大多数规模小,生产方式落后,安全生产装备、设施和必备条件不足,安全管理薄弱,安全生产保障能力非常低,特别是为追求利润最大化和自己的生存与发展,千方百计减少安全投入来降低成本,缺乏提高职工安全生产意识和自我保护的能力以及增加安全装备和设施的能力,难以具备承担安全主体责任的能力与意愿。

二是矿山企业安全管理不到位。矿山安全管理可粗略划分为人的安全行为、生产或技术系统的安全状态、作业条件或环境的安全、生产或经营管理的安全。众多安全事故的教训说明,这四个方面的任何一方面存在问题,都可能造成严重后果。在矿山生产活动过程中,如管理部门的资质审核、发证、监督、管理到位,矿山企业生产过程中的技术规范、管理有效、人员培训严格、操作者安全行为得到控制,各类事故发生的可能性就会大幅降低。

三是安全生产文化基础薄弱,制约安全水平的提高。由于我国矿山企业普遍存在"事故无法避免"、"死人是正常现象"、"职业危害无关紧要"等观念,淡化了矿山安全生产的要求和安全文化建设;同时,矿山从业人员文化程度低,导致从业人员的整体安全意识不强,在我国许多矿山企业,70%的员工是初中以下文化程度,一些主要管理人员都是初中以下文化程度,矿山企业安全文化基础薄弱。一些矿山企业及从业人员对生命存在的价值观发生偏差,"安全观念"的落后,"以人为本"和安全生产与社会经济协调发展的观念没有真正确立;另外,矿山企业从业人员流动频繁,职工队伍不稳定,也是企业安全水平难以有效提升的原因之一。

三、生产技术及生产条件的制约

一是生产技术的落后。当前我国矿山企业总体上安全生产的技术相对落后,相当一部分生产方式、生产工具、装备落后,生产环境恶劣,社会监管和矿山企业管理理念、方式落后等,矿山企业的机械化、现代化水平普遍较低,成为制约安全水平提升的主要因素之一。

二是矿山开采条件的复杂性。煤炭在较长的一段时间内仍将是我国发展的重要性支柱能源,随着对煤炭需求量的增加,开采强度加大,开采的深度越来越深,不安全因素增多。并且随着矿产资源的长期大规模开发,埋藏于浅部的高品位资源日益枯竭,大批矿山过渡到深部开采,水压、地压、地温、瓦斯压力都相应增加,自然条件不断恶化,瓦斯突出、冲击地压等灾害的复杂性和治理的难度加大。

第三章 矿山安全管理的国际比较

在本章,我们首先介绍国际安全生产理念的最新发展,以此为基础,重点介绍各国矿山生产安全监管和管理体系建设的经验与教训,分析他们推进矿山安全管理所面临的特定条件,包括每个国家独特的政治、经济、法律环境,传统安全文化以及矿山管理机构职能的差异等,以便为研究我国矿山企业生产安全监管与管理体系提供可借鉴的经验。

第一节 国际安全生产理念的新发展

一、安全生产理念的演变

一百多年来,国际安全生产理念可粗略划分为四个主要阶段:一是关注劳动强度、工作环境阶段;二是重视事故防范与管理阶段;三是重视职业安全与健康阶段;四是安全工作阶段。

(1)关注劳动强度、工作环境阶段(19世纪~20世纪初)。这期间世界工业化快速发展,安全生产主要围绕劳动强度和劳动时间进行,工人在生产过程中受到伤害归为违章操作,对事故隐患的认识处于被动地位,工作环境恶劣,职业安全与健康得不到重视。此阶段的安全生产重点是减轻劳动强度和改善工作环境。

(2)重视事故防范与管理阶段(二次世界大战后~20世纪70年代)。这期间生产企业的劳动强度、劳动时间和工作环境逐渐改变,生产管理进入规范化时代,对安全生产事故进一步重视,安全生产重点转到了事故防范、管理上,开始注意行业健康问题,并将安全生产问题逐步上升到人权的高度。

(3)重视职业安全与健康阶段(20世纪80年代~20世纪

末）。世界工业化发展进入成熟阶段,安全生产从单一的职业安全转向职业安全与健康并重,明确安全生产的人、机、环境诸要素中人的决定性作用。国际社会通过保障人权来推进安全生产的持续好转,同时将社会公正理念贯穿到安全生产中。

（4）安全工作阶段（21世纪初～）。随着知识经济的不断发展,人们对安全生产有了更深的认识,提出体面的工作必须是安全工作的观念。2003年世界卫生组织通过的"职业安全健康全球战略",将有利于国际社会加强安全文化的合作,促进安全生产工作的实施及宣传和普及安全生产理念。

二、世界安全生产的新特点

20世纪中期以来,世界安全生产呈多极化和发展不平衡的特点,主要表现在：

（1）日本、英国、美国和德国等发达国家安全生产水平迅速改善,并处于稳定水平。日本从1998年开始,职业死亡人数已降到2000人以下。美国目前的职业人员死亡率控制在万分之五以下。这些国家安全管理的重点已经实现了从关注生产安全向关注人的职业健康和工作环境质量的转变。

（2）韩国、新加坡和波兰等中等发达国家和经济转型国家,开始从工业化快速发展造成事故增加、职业健康状况不好,进入安全生产事故快速下降、职业危害逐渐好转阶段。

（3）中国、埃及等发展中国家和俄罗斯等经济转型国家,工业经济快速增长,结构调整任务重,行业间生产力水平极不平衡,且经济总量相对不高,职业健康问题较多,安全生产事故呈上升趋势。

（4）世界发达国家把环境污染问题多、人工成本高和职业危害突出的产业逐渐转移到发展中国家,造成发展中国家和不发达国家安全状况更加恶化。

当前,职业安全与健康日益得到国际社会的高度关注。

国际劳工组织确定安全健康的建设目标为：促进安全预防文

化建设,提高安全文化意识;加强职业安全健康的法规体系建设;向发展中国家和经济转型国家提供技术援助和合作,以加强这些国家的职业安全健康的能力建设和计划实施;加强职业安全健康知识的积累、管理和传播;加强职业安全与健康方面的国际合作。

世界卫生组织在全民职业卫生方面的目标:加强国际和国家层面的卫生政策建设;提供建立政策实施的有效手段;建立健康的工作环境。

同时,国际上大部分国家都制定了较高的职业安全与健康目标,如美国职业安全与健康战略目标为:实现强有力、公平和有效地进行职业安全与健康执法,扩大自愿职业安全与健康项目计划范围,增强超越性服务、安全培训教育和安全法规标准实施方面的援助力度,到 2008 年,将工作场所的死亡率降低 15%,将工作场所的伤残率和发病率降低 20%。英国安全与健康战略目标为:2010 年,使因工作致伤和患病每 10 万工人损失工作日数量减少30%,死亡和重伤事故减少 10%,因工作致病发生率减少 20%。

第二节　美国矿山安全管理的经验[1]

据美国联邦矿山安全健康监察局统计,美国矿山事故死亡从1978 年的 242 人降至 2004 年的 53 人。2004 年美国产煤近 10 亿t,但煤矿安全事故中总共只死亡 27 人。实际上连续 3 年来,美国煤矿安全事故的死亡人数都低于 30 人,每百万吨煤死亡人数在0.03 以下。美国矿山安全管理的成功经验可概括为"成功三角",构成这"三角"的三边分别是执法、培训与技术支持。

一、严格监察与执法

美国煤矿安全生产的法律基础是 1977 年通过的《联邦矿业安全与健康法案》,它确立了几个基本原则:首先是安全检查经常化,

---

[1]　参阅 http://www.anquan.com.cn/Index.shtml(2006 年 3 月)等内容。

每个地下煤矿每年必须接受四次安全检查,露天煤矿则必须接受两次检查,矿主必须按照检查人员提出的建议改进安全措施,否则可能被罚款和判刑;其次是事故责任追究制,特别是当出现伤亡事故时,调查人员必须出具报告指明责任,蓄意违反法案的责任者也将被处以罚款和有期徒刑;第三是安全检查"突袭制",任何提前泄漏安全检查信息的人,可能被处以罚款和有期徒刑;第四是检查人员和矿业设备供应者的连带责任制,检查人员出具误导性的错误报告、矿业设备供应者提供不安全设备,都可能被处以罚款和有期徒刑。

依照《联邦矿业安全与健康法案》,美国于1978年3月9日成立了联邦矿山安全健康监察局,全权负责对全国矿山安全健康的监察,既包括对煤矿的监察,也包括对金属与非金属矿山的监察。监察局的使命是:通过严格执行1977年矿山法,在全国矿山中,消除采矿死亡事故,减少非死亡事故的发生频率和事故发生的严重程度,使健康危害减少到最小,促进矿山安全健康条件的进一步改善。监察局在全国38个州设立了地区安全监察处。每年对全国煤矿和非金属矿山进行4次安全监察,对露天矿每年进行2次监察。监察局的基本处罚手段有以下几种。

(一)强制性民事处罚

根据1977年矿山法的规定,违反国家安全健康标准的单位或个人必须承担民事处罚,由监察局的评估办公室提出罚款的金额。对多数没有造成矿工严重伤害,并采取措施加以改正的违规,一般给予小额罚款。对其他较严重的违规则根据以前违规的历史、矿主经营的规模、矿主疏忽的程度、违规的严重性、矿主对违规问题改正的良好诚信和罚款对矿主继续经营能力的影响等6种因素来评估罚款的金额。确定上述因素主要是依据安全监察员的实际监察结果、监察局的记录和矿主提供的信息;对死亡事故或严重伤害事故案件则采用特殊的罚款评估办法。

(二)"重大实质性"的违规

"重大实质性"的违规是指在违规导致的特殊情况下造成矿工

重伤或疾病的违规。由安全监察员在签发传票时确定是否属于"重大实质性"的违规。

（三）撤出命令

在某些特定情况下，监察局可依据 1977 年矿山法下达矿工从井下或井下某工作面撤出的命令。下达撤出命令主要从三方面原因考虑，一是矿工即将面临危险；二是在规定的时间内没有改正违规问题；三是保护矿工、保护现场。

（四）无充分理由的失误

如果发现矿主在遵守某项标准中因"无充分理由的失误"导致了"重大实质性"的违规，安全监察员在传票上需注明结果。如果在 90 天内又发现重新违规，监察局发出撤出命令直至违规得到改正。

（五）违规行为

如果认定某个矿山有"重大实质性"的违规行为，法律规定必须通报该矿山的矿主，同时给予矿主改正的机会。如果矿山收到通报后在 90 天内又有"重大实质性"的违规行为，监察局则签发人员撤出命令，直至监察后确定没有"重大实质性"的违规现象。

（六）对受歧视工人的保护

禁止矿主歧视矿工、矿工代表或应征行使安全健康权利的人员。监察局对所有歧视性控告进行调查。如果发现有歧视现象，美国劳工部可以在独立的联邦矿山健康复审委员会介入前受理矿工的歧视案件。在某些情况下，在对歧视性控告案件判决前，被解雇的矿工可暂时恢复工作。

（七）刑事处罚

对蓄意违反安全健康标准的矿山矿主进行刑事处罚。监察局对可能出现蓄意违规的矿山进行初步调查；如果发现蓄意违规的证据，监察局将案件的调查结果移交给司法部门审理。

（八）上诉

传票或人员撤出命令签发前，允许矿主或矿工代表与联邦矿山安全健康局监察人员就监察结果的争执问题进行协商。如果在这一层面上双方争议得不到解决，矿主有权上诉到联邦矿山安全健康复审委员会，也可以上诉到美国上诉法院。

在"执法"领域，美国煤矿安全生产监督机构强调其独立性，并在机制上防止检查人员与矿主、地方政府形成利益同盟。隶属于矿业安全与卫生局的煤矿安全与卫生办公室是一个联邦机构，它下面有11个地区办公室和65个矿场办公室，这些办公室既与矿主没有利益关系，也和各州、县政府没有从属关系，各地的联邦安全检查员每两年必须轮换对调，任何煤矿发生三人以上的死亡事故，当地的安全检查员不得参与该事故的调查，而须由联邦办公室从外地调派安全检查员进行事故调查，检查人员如果发现安全隐患，有权责令煤矿立即停止生产，但如果泄露检查信息或误导调查，则可能被判刑。

二、强化矿工的安全健康教育与培训

联邦矿山安全健康监察局认为，为保证矿工自身的安全和健康，必须要求从业人员了解如何正确完成工作，还必须识别和控制工作场所的各种危害。培训可使矿工掌握采矿作业中需要的一些关键技术和知识。监察局提供各种不同类型的培训，包括对小型矿山采矿作业人员的安全技术培训。监察局还为实施联邦矿工培训法规编制培训规划、为公司矿山救护队的技术提高提供帮助等。监察局每年都对48个州的指定机构给予资金支持，以促进矿工培训工作的开展。

美国对煤矿工人和矿主的培训主要由矿业安全与卫生局下属的全国矿业卫生与安全学会负责。这个学会在每个财政年度都举办短期的集中安全讲习班，一般为期几天，针对的是联邦安全检查人员、各州检查人员以及矿主、矿业公司人员等。除了集中培训，矿业安全与卫生局还在各州举办巡回性质的安全课程，主要向矿业工人讲授安全生产标准、技术设备操作等，煤矿工人参加课程是免费的，经费从劳工部的培训费中出。此外，矿业安全与卫生局还充分利用网络，在网上提供免费的交互式培训课程，开放网上图书

馆,将矿难调查报告、安全分析等资料和档案在网上公布。美国矿工安全健康教育与培训的主要项目有:

(1)强制性安全技术培训。由联邦矿山安全健康监察局督促,要求矿山矿主必须编制经批准的矿工安全技术培训计划。培训计划包括:1)新矿工下井工作前必须完成40小时的基本安全健康技术培训;2)露天采矿作业的新矿工工作前必须完成24小时的基本安全健康技术培训;3)所有矿工每年必须完成8小时的安全健康技术再培训;4)对调到新工作岗位的矿工必须进行相关的安全健康技术培训。

(2)国家矿山安全健康学院。是世界最大的专门从事采矿安全健康教育的学院,担负对联邦矿山安全监察员和其他政府机构以及采矿业和劳动部门选派的矿山安全专业人员的培训。学院还提供现场培训,以满足采矿公司对安全教育的需求。

(3)教育现场服务。监察局提出了教育现场服务(EFS)规划,其重点在于减少采矿事故和工作场所疾病预防的教育与培训等方面。教育现场服务的培训专家与矿山管理人员、矿工和矿山培训教师密切合作,研究改进安全健康培训方法,调整培训资源,以最大可能地满足矿山的特殊需求。教育现场服务的培训专家还与采矿协会、安全组织、工会和教育学会建立了伙伴关系并开发利用网络资源。

(4)培训材料。监察局通过国家矿山安全健康学院和地区办公室出版发行各种培训出版物、手册、教程、影片、录像带和其他培训资料。主要包括:供小型煤矿用的矿主安全丛书;井工和露天矿运输安全操作培训材料;健康方面的培训材料,例如矽肺病、煤肺病的预防等。

三、致力于新技术的推广和采用

美国煤矿业近30年来的实践证明,新技术的推广应用能大幅度降低煤矿安全事故,新技术在安全方面的贡献主要有以下几个方面:一是信息化技术的广泛采用,增强了煤矿开采的计划性和对安全隐患的预见性,计算机模拟、虚拟现实等新技术,可以大幅度减少煤矿挖掘中的意外险情,也可以帮助制订救险预案;二是机械化和自动化采掘,提高了工作效率,减少了下井工人数量,也就减少了易于遇险的人群;三是推广安全性较高的长墙法,取代传统形式的坑道采掘;四是推广新型通风设备、坑道加固材料、电气设备,从而提高了安全指标。

（一）安全健康技术支持

监察局通过技术中心对全国矿山提供直接支持。专家们同采矿公司和地方安全监察员一道收集有关安全健康问题的信息,并提供工程或其他种类的解决方案。监察局向采矿公司提供战胜健康危害的帮助,专家们通过给予通风和电气系统、顶板支护和地层控制方法、矿山矸石处理、设备使用以及其他采矿环境方面的帮助来保证安全。另外,技术中心的人员努力使采矿业在矿山安全健康问题上跟得上现代技术发展的步伐。

（二）技术革新方面的支持

美国采矿业多数技术革新主要集中在机械设备和工艺的再设计,以最大限度提高矿工的安全健康状况、提高生产效率、延长现有矿井的生产服务年限、增加资源的回收率。技术革新的范围从简单的技术到复杂的技术,具体有:

（1）对矿山应急技术的支持。监察局支持的矿工应急逃生用的自给式氧气呼吸器、地面救护人员与井下被困矿工联系用的电磁式语音和编码电报通信系统等众多技术项目已经有效用于矿山应急中。

（2）对矿山企业从业人员矿山开采安全的支持。为保护连续采煤机操作人员的安全,监察局采用了新的防护措施,使操作人员可在安全的位置上操作,并采用临近探测器技术,使连续采煤机在进入指定的危险区域时终止设备运行。

（3）对露天开采安全的支持。随着大型露天开采设备的使用,也暴露了一些不安全的隐患,为帮助设备操作人员提高能见度和避开小型车辆和人员,监察局会同有关部门合作开发了摄像机系统、频闪灯光和其他能见度装置。

（4）对设备维护的安全支持。采矿机械的大型化使设备的维护更加复杂。为满足设备维护的需求,监察局采用了计算机维护系统检测和报告油压、轴承和电机温度;警告操作人员不正常的设备运行状况;必要时对润滑剂的调整;发生故障或事故前使设备停机。

（5）监察局经常就最新的科学技术举办学术讲座、召开技术研讨会、开设技术培训班和出版专题报告。

（三）对各种采矿设备进行检测

为确保达到国家对安全设计和制造规定的标准,监察局对各种采矿设备、部件、仪器和材料进行检测。这项工作的开展有助于保证各种采矿设备不发生爆炸、火灾、电气短路、车辆碰撞或其他意外事故。矿山设备的检测和认证由监察局技术认证中心完成。

（四）专业的技术支持团队

监察局拥有一支可为用户解决复杂的矿山安全问题的科学家、工程师和职业健康预防与治疗专家队伍。除直接与采矿企业合作外,监察局的技术专家们还在矿山现场开展调研、从事实验室的研究和进行采矿设备安全试验。在矿山应急期间,还提供特殊的现场技术援助。

四、其他措施

其他措施包括:

（1）组织全国性矿山救护比武。救护比武是进行矿山救护培训的一项最有效的措施,预先进行积极的救护准备与培训将增加以后救活失踪和受伤矿工的机会。监察局每隔一年组织一次全国性矿山救护比武。

（2）设立矿山安全哨兵奖。监察局与国家采矿协会共同合作,在全国实施以安全采矿作业为荣的计划,对那些在采矿作业中没有发生一起损失时间工伤事故的企业授予安全哨兵奖。

（3）创建以预防为主的安全文化。为防范事故,进一步减少事故死亡人数,监察局开始创建以预防为主的安全文化,活动的内容包括:"全国煤矿安全意识日"活动、春季解冻期学术研讨会、全国性的网络会议、假日安全行动以及通过采取签订特殊联盟协议的方式加强与其他机构的合作。

第三节　澳大利亚矿山安全管理的经验[1]

澳大利亚是一个矿业大国,在矿业安全管理中,十分注重法规制定和明确责任,这在防止事故中起了很重要的作用。由于安全管理措施得力,近年来,在事故几率最高的煤矿行业,伤亡事故十分少见,目前政府和一些矿山的管理层都改用计算损耗工时的频率来衡量生产安全,如 2001 年,新南威尔士州煤矿因工伤而损失工作时间的频率为每百万工时 33 次。澳大利亚的矿山安全管理主要体现在以下几方面。

一、以立法和行政为基本手段严格监管

澳大利亚对矿山安全的管理从上到下涉及很多部门,包括联邦政府、州政府、煤炭生产联合管理委员会、矿山公司、矿山各级安全管理部门等。联邦政府对矿业安全的管理只局限在有关立法和技术标准的制定上。各州(领地)政府在执行联邦法律过程中,要根据各地的不同情况对矿业生产安全和职业健康制定各自的法律法规。州级政府通过对矿山设计、生产、环境保护和安全进行的审查或监察对矿业进行控制。达不到安全标准时,可以下令停产。对企业来说,矿山经理必须向政府注册,同时熟知有关的政策法规,并保证达到安全生产、环保、劳动保护和雇员职业健康等方面的要求。有关法律法规对从矿山设计师、雇主到雇员的安全责任都有明确规定,使得每个人对安全都有法律责任。

以西澳大利亚州的有关法律为例,雇员有义务保证自己在工作状态下的健康,如果不按规定对自己采取保护措施,或发现潜在

---

❶　参阅《澳大利亚的煤矿安全管理》(梅易. 安全与健康. 2004/2)等。

险情不报告,就算违法。法律规定,雇员有权拒绝在有损健康的危险环境下工作,而且,在这种情况下,如果雇主出高薪让雇员出工,雇主就违法;雇员收了钱出工,也算犯法,违反了安全条例会课以高达20万澳元的罚款。

二、矿山企业生产安全管理方面具备详尽的制度体系

设立矿山安全监督员制度,全面落实矿山企业的安全管理。例如,在产煤大州新南威尔士,有关法规对煤矿安全监察机制的机构、人员构成、权限和责任都有规范,规定各级安全监督检查员由矿山雇员选出。监督人员必须有矿山经理人或专业技术的资格证书,同时要有长时间的实地工作经验,确保安全监督的质量令人放心。

建立潜在事故报告制度。即鼓励工人和技术人员寻找事故隐患,对新引进的设备、新的生产工艺、新的工作地点、新的工作环境都要进行风险评估,由一个集培训人员、管理人员、工程师和操作人员于一体的矿内组织,寻找可能引发事故的因素,并针对这些潜在事故因素提出防范措施。

责任明确的生产安全管理组织构建。澳大利亚一个矿一般只设一名经理,矿山的每一个职员都在矿山经理的管理之下。根据具体情况,一个矿可以有分管不同工作的部门经理,例如开拓经理、选矿经理等。一个矿上的工长有区域的绝对控制权,他可以决定是否允许工人进入指定的工作地点。矿内分工工长负责井下工作面的安全检查,包括瓦斯浓度、顶板条件等。工长每两个小时检查一次,把检查结果写在工作面的主要入口处。每个人在进入工作地点之前必须查看工长的检查报告,如有疑问必须与矿上调度核实。井下电气工程师、机械工程师和工长等必须填写一式三联的报告书,他们在交接班时把情况交代给下一班的同事。矿山对同一时间进入长壁工作面的人数有着严格的规定,包括行政人员或参观人员在内一般为15人。矿山设有专职人员负责对临时需要下井的外来人员进行临时的短期安全培训等。

第四节　南非的矿山安全管理体制[1]

南非是世界主要产煤国家之一。自 1996 年《矿山健康与安全法》颁布以来,南非煤矿事故的千人死亡率从 1996 年的 0.75 下降到 2000 年的 0.52,千人受伤率也从 4.77 下降到 3.70。其基本做法有以下几个方面。

一、规范的矿山安全生产法规

南非政府于 1996 年颁布了《矿山健康与安全法》,该法案共包括八章内容。在第一章中阐述了该法目的,即保护矿工的健康和安全;消除、减少和控制有损矿工健康和安全的危险因素;使南非承担与矿山健康、安全有关的公共国际法中的国家义务;通过矿山健康与安全代表及矿山健康与安全理事会,使矿工参与健康与安全领域的工作;保证矿山健康与安全环境的有效监控;保证矿山健康与安全法律的强制实施;进行有关矿山健康和安全的调查和质询;加强采矿业的健康与安全文化建设和培训;加强政府部门、雇主、雇员和其代表之间有关健康和安全方面的合作与协商;解决雇员和雇主涉及健康和安全问题的争议等。

在其他各章中主要规定了雇主和雇员的责任和权利;矿山健康与安全代表的选举、任命和其权力;矿山健康与安全委员会的建立、组织程序和委员会的权力;由采矿业雇主、雇员和政府部门人员组成矿山健康与安全理事会及其作用;建立矿山健康与安全监察局、矿山监察局局长的任命及其职能、矿山监察员的权力;对违法行为的界定以及根据违法情况处以罚款或监禁等。

二、成立矿山健康与安全监察局

矿山健康与安全监察局上属矿产与能源部,由一位副部长担

---

❶　参阅《南非的矿山安全管理体制》(潘红樱.当代矿工.2002/8)等。

任监察局局长,设三名副局长。矿山健康与安全局下设四个职能处:矿山安全和勘察地区监察处、矿山设备安全地区监察处、矿山职业卫生地区监察处和综合处。每个地区监察处分别负责全国各省的相应的监察工作,监察处下设有科级单位。矿山安全地区监察处下设矿山安全科和矿山勘察科;矿山设备地区监察处下设矿山设备科;矿山卫生地区监察处下设职业保健科和职业医药科,具体见图 3-1。

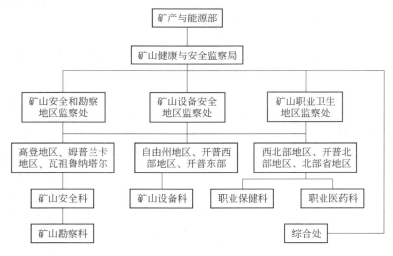

图 3-1　南非矿山健康与安全局组织机构

矿山健康与安全局的任务是促使采矿作业在无害健康的条件下安全地进行。其职能主要是制订并推广应用安全采矿作业标准、采矿设备安全标准、采矿作业的健康标准,实施矿山监察。

矿山安全与健康局设有监察员,在各地区由一名首席监察员负责,下有若干名不同专业的监察员。按照监察业务分工,监察员分为矿山监察员、矿山设备监察员和医疗监察员和职业卫生监察员。为保证监察员公正的行使权力,矿山健康与安全监察局设有专门的监督控制系统,由一名监察员直接负责监督 3 名副监察长的工作,由不同专业的监察员负责监察地区矿山安全与健康监察部和监察

27

员的执法情况,从而保证监察系统公正、有效地开展工作。监察员可以不需任何理由或事先通知,在任何时候向企业的任何人询问与安全有关的事项,要求其提供相关文件、检查任何机器、工作条件,并可扣留任何文件、机器等的全部或一部分;对企业违反安全管理的行为,有权要求企业进行纠正,并可对其罚款。企业应执行监察员的指示,凡对监察员的监察工作的任何干扰和妨碍都属违法行为,将受到罚款或最高两年的监禁。

三、充分发挥三方机构的作用

南非根据《矿山安全与健康法》的规定,成立了由政府部门、雇主和雇员三方代表组成的机构。国家一级的机构包括:矿山安全与健康委员会(MHSC)和采矿资格管理局(MQA)。

（一）矿山安全与健康理事会

矿山安全与健康理事会成立于 1997 年 6 月 30 日,由 15 名分别代表政府、采矿业主和雇员的成员组成。主要职责是:就矿山健康与安全问题向矿产与能源部部长提供建议,包括矿山复垦中有关健康与安全方面的立法;协调其下属常务委员会的工作;与采矿资格审查机构就有关健康与安全问题保持联络;与任何其他关注健康与安全的法定实体保持联络;促进采矿业的健康与安全文化建设;至少每两年组织一次理事会会议,审查矿山健康与安全状况;每年递交一份健康和安全总体规划的报告,通过规定的程序获得批准,将副本送交财务部长;该委员会定期组织召开三方矿山安全与健康最高级会议,分析全国矿山安全与健康状况。为提高采矿企业的安全水平,实施安全奖励方案,以衡量、跟踪和确认矿山的安全生产情况。

（二）采矿资格管理局

为制定采矿工业教育和培训标准,及批准采矿资格,成立了采矿资格管理局。初期的主要工作是制定政策、建立基础设施和执行法规。现在采矿资格管理局的工作重点是负责就矿业教育和培训事宜向矿物与能源部长提出政策建议,以及审批采矿资格等。

第五节 其他国家与地区的矿山安全管理经验

一、日本的矿山安全管理[1]

日本煤炭工业一直作为支撑日本现代化的骨干产业而起着重要的作用。特别是在 1950 年前后,作为唯一的国产能源,对日本国的产业发展和稳定国民的生活做出了很大的贡献。日本现有煤矿 14 个,产量 390 万 t。自 1985 年以后没有发生过一次死亡 3 人以上重大事故,进入 90 年代基本杜绝了死亡事故,10 年共死亡 6 人,年平均死亡 0.6 人。日本煤矿安全管理和监督监察的基本做法为:

(一)国家高度重视煤矿安全工作

早在 1949 年日本就颁布了首部《矿山安全法》。随着技术发展,后由通商产业省环境土地局组织修订一次,其目的是保护矿山劳动者防止职业危害,煤炭资源合理开发。《矿山安全法》规定了矿业主的义务,以及矿务监督官的权限,如到矿检查权、紧急命令权和司法警察权;以法律形式规定了矿山安全监督人员的权力、职责。驻矿区监督署一般每月到矿检查一次,矿山安全监督部在矿区监督署的陪同下每两个月到矿检查一次,通商产业省一般每年组织一次大型的全国性组织活动;也可随时到矿进行检查。检查发现违反《矿山安全法》导致事故发生的,监督人员则有向司法部门提出起诉的司法监察权。

(二)矿山安全监察体制健全

日本煤矿安全监察体制实行的是中央垂直管理体制。国家在重点产煤省、都、道、府(相当于我国的省)设置由通商产业省派出的矿山安全监督部,在重点矿区则由当地的矿山安全监督部派驻安全监督署。监督部行政一把手的任命由通商产业省负责。部、

---

[1] 参阅《日本煤矿安全考察之所见》(高勤社 . 陕西煤炭技术 . 2000/4)等。

署的经费全部由中央财政拨出,和驻地政府没有行政、财务关系。但对煤矿的安全装备补助计划立项、审批,则由安全监督部门负责。监督署人员既要求有比较深厚的理论知识,也强调有一定的实践能力,能够开展社会监督工作。

（三）国家对煤炭行业实行特殊的行业扶持政策

国家从经济上给予支持,实施重点补助政策。日本国政府财政预算,每年都要围绕煤矿安全,听取有关部门预算汇报,包括安全培训、安全技术开发、安全成果转让、安全装备及工程等。仅安全培训费用一年预算就为 1.5 亿～3.0 亿日元。安全科研费用基本上由企业负担 1/3,国家补助 2/3。煤矿有关安全的装备仪器及工程设施等,国家补助约 80% 的费用。另外,对国内的煤炭产品实行价格保护政策。

（四）制订细致的安全管理规章制度

在《矿山安全法》、《矿山安全规则》的原则指导下,制订细致的安全管理规章制度。矿山企业普遍制订《安全规程》和《安全作业标准要求》。矿井安全管理实行三方协调制,一是强调生产管理人员必须服从"安全第一"的原则,二是矿井行政方面设置不属于生产系统的专职安全监察员 30 名,三是由工会推选专职安全委员4人。

矿井实行定期检查和不定期检查相结合的方式,虽然对专职安全监察人员没有下井次数的具体规定,但专职人员基本上每天都下井,每一个工作地点每班都有专职人员检查。对一般违章行为是批评;对严重违章行为,即可能对自己或对别人产生有生命危险的行为处罚是停工教育、不发给工资。

（五）树立以人为本的安全管理理念

其基本指导思想是每一个人都要负起责任,杜绝灾害。日本矿山企业的从业人员素质普遍较高,如井下瓦斯检查员一般是大学毕业从事煤矿工作一年以上,特殊情况高中毕业则最少要有 3 年以上煤矿工作经验,通过国家资格考试后,企业才可聘用。重在全面预防的思想在从业人员实际工作中落实得较好,安全无小事正成为煤矿从业人员的共识。矿山企业普遍建立危机预案管理体系，基本都建立了矿山救护队伍，按专业化标准配备了救护装备，每月在专用演习巷道中开展一次实战训练。

（六）坚持技术进步是搞好安全生产的基础

矿山基本都建立起集中监控系统，矿井生产实行井下皮带一条龙，对如矿井主扇、提升绞车、主皮带等固定的主要设备实现无人操作集中控制。由甲烷、一氧化碳等气体检测探头构成的矿井安全监控系统，在调度中心实现集中监控。部分技术先进的矿井井下还设有移动的监测巡视机器人。

二、德国鲁尔矿区的安全监察与管理[1]

德国是实行联邦制的国家，鲁尔矿区同时执行德联邦和北威州的有关法律法规。

（一）北威州的矿山安全监察体制

采矿业的管理归属州经济技术部，州经济技术部下设矿山局，专门从事矿山（包括煤矿等）的管理和安全监察工作。北威州矿山局下设 6 个矿山监察处，对全州所有矿山进行安全监察。每个矿山安全监察处有 15～20 名安全监察员。安全监察员为政府的公务员，不能随意解雇。

（二）安全监察的相关基本法律

德国矿区安全监察的基本法律有：

（1）联邦矿山法。规定煤矿的发展规划要报告对其有管理权的安全监察处和矿山局。矿井采用新技术、新装备要报告矿山局。矿山局要根据本地区矿山情况制定实施细则以落实联邦矿山法。根据联邦矿山法成立矿山管理机构，专门检查矿山执行联邦矿山法的情况；若发现违反联邦矿山法的矿山，要对其进行罚款处理直至命令其关闭。同时，按照《社会法》的规定，对每一个矿山员工都

---

[1] 参阅《德国鲁尔矿区的安全监察与管理》（窦永山，肖蕾，刘承秘．中国煤炭．2001/4）等。

要实行强制保险,员工罹患职业病或发生工伤,要给予优厚的补偿等。

(2)企业基本法。该法律适用于各种行业的企业。其中第81条规定,矿主的责任之一是要求员工上培训课。在员工工作之前,矿主必须告知员工所处岗位的危险性和妨碍健康的原因。采矿行业必须建立行业协会。行业协会享有一定的权力和责任,矿主不经过协会同意不能随意解雇员工;矿主执行的规章要经过协会同意;协会要求企业必须为员工办理人身伤害保险,其费率与企业安全状况挂钩。行业协会经常对矿山企业进行安全检查。

(三)矿山局的职责

每周对矿山企业进行一次例行安全监察;检查矿山企业的环境保护是否符合有关规定;检查矿山企业的发展规划是否得到批准;有权制定本州的矿山安全生产规定;有权检查矿山企业对有关法律法规的执行情况;组织对矿山企业所发生的死亡事故进行调查。

(四)安全监察处的职责

按计划到管辖的煤矿进行检查;与煤矿安全检查部门紧密配合,共同开展检查工作;制定矿井安全工作的基本规章;组织职工定期进行身体检查。

(五)事故调查与处理

发生事故后,首先要组成事故调查小组,到事故现场进行调查。根据事故调查报告,矿山安全监察机构可对事故责任者向法院提起公诉。法院进行调查后,根据有关法律对事故责任者实行经济处罚或追究刑事责任。在德国,由行业协会负责对矿山企业的员工实施保险。员工因工死亡,赔偿金额约在50万欧元,由企业及保险公司进行赔偿。

(六)煤矿企业的安全管理情况

每一个煤矿都要设立专门的安全机构,从事矿井的安全管理工作。主要包括:检查矿井是否存在隐患,并及时监督排除;检查岗位工作人员是否执行安全规定;发生事故后,要赶赴现场进行抢救和调查。

（七）煤矿安全管理的主要方式

煤矿企业成立由矿经理、工程师、医生、职工代表参加的安全管理委员会，一季度召开一次安全办公会，专题讨论矿井存在的各种安全隐患和问题，并进行整改落实；每天早晨由矿区经理主持召开安全例会；负责某一业务的主管工程师每两个月召开一次安全办公会，专题讨论分管业务的安全事项；各矿成立联谊会，每 1～2 年召开会议，矿主、矿经理及负责安全的工程师均参加，讨论所在矿山的安全问题，相互交流经验，沟通信息；现场工人每 5～6 人组成一个安全管理小组，分析作业现场安全状况，研究应采取的措施，小组长对现场安全负责。

三、中国台湾地区的矿山安全管理❶

中国台湾地区矿业开发较早，但种类不多。目前，台湾约有 500 个矿分布于台、澎、金、马地区。大部分矿山为小型的民营企业。至 2000 年最后一座煤矿——三峡丰煤矿关闭，煤矿的"千人事故死亡率"在 20 世纪 90 年代一直保持着"零死亡事故"的佳绩。台湾其他矿山绝大部分为露天开采，安全条件较好。每千工作人员死亡率到 90 年代已降至 0.3。

（一）官方、资方、劳方的三方管理机制

台湾地区是由经济部矿业司（矿务局）对矿产资源开发与安全生产实行统一监督管理，并且是垂直领导，安全监督管理不受下级"政府"的约束。矿务局下设矿场保安组，内分管理、检查、设备、项目、训练等部门，设置专职矿场安全监督员。在矿山集中的地区，共设立了 5 个矿场保安中心，每个中心配备了 6 名安全监督员，负责对所辖地区的日常安全监督管理工作。原则上，每名矿场安全监督员负责监督的矿场不超过 15 个，对所负责的矿场每个月一般检查两次。

台湾地区分层次开展矿山安全检查，通常的检查由矿场保安中心的安全监督员负责，对其检查结果，矿务局矿场保安组的安全

---

❶ 参阅《台湾地区的矿业安全简介》（罗音宇．劳动保护．2003/9）等。

监督员将进行抽查、考核。第三层由矿场保安组或高层矿场安全技术人员或矿务局的主管人员进行抽查、考核。特殊情况下,邀请专家、学者组成项目检查小组进行特别检查。

从资方来看,矿业权者对矿山安全生产工作全面负责,确保安全生产所需的设备、经费及人员。企业生产经营过程中的安全工作由矿场负责人负责。矿场安全主管在矿场负责人领导下,具体负责日常安全管理工作。而且,各企业普遍成立了由矿场生产、安全管理人员和作业人员代表或工会代表组成的矿场安全委员会,共同商议、协调解决矿场安全生产工作中的有关问题。

从劳方来看,一种重要方式是工人通过矿场安全委员会等参加企业的安全管理。由于台湾的工会代表多数为生产一线的产业工人,文化素质偏低,因此,工会更多的是通过社会压力影响资方,而较少参与安全技术管理。

（二）矿山安全立法情况

台湾的矿业法规体系比较健全,除普遍适用于各行业的《劳工安全卫生法》、《劳动基准法》、《爆炸物管理办法》、《劳工保险条例》外,还专门制定了适用于矿山的《矿业法》、《土石采取法》、《矿业法施行细则》、《矿场安全法》、《矿场安全法施行细则》、《矿场保安费提存支用实施办法》、《矿场救护队之编组、装备及训练课程基准》等法律、法规。

其中,《矿场安全法》是实施矿山安全监督管理的主要法律依据,规定很具体、实用,具有很强的操作性,其中对涉及矿场安全的有关人员的责任做了明确规定,如矿业权者（董事长）应负责提供有关矿场安全的设备、经费及人员,矿场负责人（总经理）负责包括冒顶、片帮、火灾、水灾、机电设备、救护等有关方面安全措施的设计、管理及维护。矿山安全监督管理机构应分区定期派人员检查矿场安全设施,如有不合格者应给予指导,限期改进。如有发生危害的危险时,责令其停止作业。对于具有特殊安全问题的矿场,应专案加强检查监督及命令矿场负责人采取必要的措施;如认为矿场有危害矿产资源、矿场作业人员或救护人员安全时,责令矿业权者局部或全部停止开采;如无法改进或控制隐患的,责令局部或全部封闭,必要时取消其矿业权。

（三）矿山安全管理的特殊措施

台湾地区矿山安全管理的特殊措施主要有:

（1）设立矿山安全基金。为鼓励发展本地的矿业,确保安全生产,台湾设立了矿山安全基金,对矿山安全措施及设备进行补贴。基金主要来自于进口矿产品的附加,并对补贴额度做出具体限定,如救护设备 100%,法定防爆器材 50%～80% 等。

（2）严格的证书管理及免费培训制度。政府的矿场安全监督员要先取得政府公务员资格,再取得矿场安全监督员资格方可上岗。矿场的安全管理人员（包括安全主管、安全管理员、爆炸物管理员、安全督察员）均须通过国家考试与实务训练取得相应的上岗资格。矿场作业人员（矿工）均须经矿场安全教育、训练合格,取得政府核发的证书方可上岗作业。对违章作业、违章指挥的行为安全监督管理机构将强制对职工再次进行免费培训。

（3）政府监督讲究手段和技巧。安全生产技术方面具有倾向性、代表性的问题,企业与监督机构共同协商,研究解决;对矿场应改进的事项,监督机构一般先与矿场负责人及相关安全管理人员座谈,获得共识后,矿场即按规定完成。否则给予行政或刑事处罚。

（4）具有一支业务精良、思想稳定的安全监督队伍。矿场安全监督员除一般规定的薪资外,加领"危险津贴";每年至少参加两次在职训练及矿山救护训练演习,不定期派往矿业先进国家接受安全技术训练,或邀请外国专家学者来台指导,同时进行各种矿场安全技术与器材的试验研究,不断充实安全知识技能,并规定现场的检查人员年龄须在 50 岁以下等。

第六节　国际矿山安全管理的综合比较

综合国际矿山安全管理的基本做法,各国的管理特点见表 3-1。

表 3-1　国际矿山安全管理的综合比较

地 区	主 要 特 点	主 要 成 效
美 国	(1)严格监察与执法 (2)强制性安全健康教育与培训 (3)致力于新技术的推广和采用 (4)预防为主的安全文化	安全事故死亡人数低于30人；百万吨煤死亡人数在0.03
澳大利亚	(1)以立法和行政为基本手段严格监管 (2)详尽的安全管理制度设定	企业工伤损失时间为百万工时33次，基本无伤亡
南 非	(1)严密的矿山安全监察体制 (2)成立政府部门、雇主和雇员三方机构，充分发挥其作用	千人死亡率0.52，千人受伤率3.70
日 本	(1)矿务监督官有矿检查权、紧急命令权和司法监察权 (2)独立运作的安全监察体制 (3)特殊的行业扶持政策 (4)矿井企业安全管理实行三方协调制 (5)安全文化建设	10年来煤矿年均死亡0.6人
德国鲁尔矿区	(1)健全的法律体系 (2)矿山企业严密的安全管理体系	较低
中国台湾地区	(1)官方、资方、劳方的三方管理机制 (2)矿业法规体系比较健全、严格	煤矿20世纪90年代保持着零死亡，现无煤矿

第七节　国际矿山安全管理的启示

　　通过对上述国家与地区矿山安全监察与管理经验的总结与分析，不难发现，众多先进的经验和成功的做法，恰恰是我国矿山企业生产安全管理重视不足的地方。归纳起来，国际矿山安全管理经验带给我们的启示主要表现在以下几个方面。

一、健全法律法规体系,构建严格的执法监察机制

各国与地区经验表明,矿山企业作为特种行业,强化监管力度是确保其安全生产的第一道防线。

(一)完善安全管理法规

建立详细完备的安全管理法律法规,做到有法可依。各国与地区基本都制定了本国与地区的矿业安全与健康方面的相关法律法规,并提出了立法的基本原则,一是安全检查经常化;二是事故责任追究制;三是安全检查"突袭制";四是检查人员和矿业设备供应者的连带责任制等。

(二)建立权威较高的矿山安全监察机构

尽管各国与地区情况不同,但都设立规格较高的矿山安全监察机构,并拥有相对独立的监察执法地位。如日本实行中央垂直管理体制,国家在重点产煤省、都、道、府(相当于我国的省)设置由通商产业省派出的矿山安全监督部,在重点矿区则由当地的矿山安全监督部派驻安全监督署。监督部行政一把手的任命由通商产业省负责。部、署的经费全部由中央财政拨出,和驻地政府没有行政、财务关系。

(三)建立全面详尽的安全监察运行机制

各国与地区矿山监察部门一般设有监察员,为保证监察员公正的行使权力,矿山安全监察机构一般还设有专门的监督控制系统。监察员在安全检查方面拥有相对独立的执法权,可以不需任何理由或事先通知,在任何时候向企业的任何人询问与安全有关的事项,要求其提供相关文件、检查任何机器、工作条件,并可扣留任何文件、机器等的全部或一部分;对企业违反安全管理的行为,有权要求企业进行纠正,并可对其罚款。企业应执行监察员的指示,凡对监察员的监察工作的任何干扰和妨碍都属违法行为,将受到罚款或监禁。

(四)讲究安全监察的手段和技巧

对安全生产技术方面具有倾向性、代表性的问题,能够采取企

业与监督机构能共同协商的方式研究解决;对矿场应改进的事项,监督机构一般先与矿场负责人及相关安全管理人员座谈,获得共识后,矿场即按规定完成。否则给予行政或刑事处罚。

（五）具有一支业务精良、思想稳定的安全监督队伍

各国与地区对矿场安全监督员的待遇一般比较高,并且强化培训和在职训练等,不断地充实安全知识技能。

（六）严格矿山企业生产许可

根据煤炭和其他矿产资源的需要,出台相应的政策,严格矿山企业行业准入把关和生产许可证制度,关停安全无保证的矿山企业,消除地方保护主义的影响,提高矿山办矿水平。

二、高度重视从业人员的安全健康教育与培训

各国与地区普遍高度重视安全培训工作,认为这是保证矿工自身的安全和健康的关键所在,也是确保矿山安全生产的根本保障。各国与地区在有关法律中都对培训工作做出具体规定,如德国的《企业基本法》中第81条规定,矿主的责任之一是要求员工上培训课。同时各国与地区的安全生产监察部门或其相关机构负责对矿山从业人员培训工作的督促、检查和指导或者直接进行各种不同类型的培训。

强调培训的形式多样化和内容实效性。如美国矿业安全与卫生局下属的全国矿业卫生与安全学会针对的是联邦安全检查人员、各州检查人员以及矿主、矿业公司人员等,在每个财年都举办短期的集中安全讲习班等集中培训;矿业安全与卫生局在各州举办巡回性质的安全课程,主要向矿业工人讲授安全生产标准、技术设备操作等。此外,矿业安全与卫生局还充分利用网络,在网上提供免费的交互式培训课程,开放网上图书馆,将矿难调查报告、安全分析等资料和档案在网上公布。

矿山从业人员的培训工作都是由政府矿山安全与监察机构举办或直接督促的,常见的矿工安全健康教育与培训项目有:强制性安全技术培训、安全监察员及矿山安全专业人员的培训、教育现场

服务,并大量发行出版各种培训出版物、手册、教程、影片、录像带和其他培训资料。

三、致力于新技术的推广和采用

矿业的安全生产实践证明,新技术的推广应用能大幅度降低煤矿安全事故,如信息化技术的广泛采用,可以增强矿山开采的计划性和对安全隐患的预见性,计算机模拟、虚拟现实等新技术,可以大幅度减少煤矿挖掘中的意外险情;机械化和自动化采掘,提高了工作效率,也减少了易于遇险的人群等等。国际上先进的矿山基本都建立了集中监控系统,矿井生产实行井下流程化生产线作业,主要设备实现无人操作集中控制。

国际上推广和采用比较普遍的技术支持形式有:一是安全健康方面,一般有专门的技术中心对全国矿山提供直接支持,努力使采矿业在矿山安全健康问题上跟上现代技术发展的步伐;二是技术革新方面的支持,其范围从简单的技术到复杂的技术,包括对矿山应急技术、开采安全相关技术、露天开采安全技术、设备维护技术等。为保证各种采矿设备不发生爆炸、火灾、电气短路、车辆碰撞或其他意外事故。各国普遍建立起对各种采矿设备的定期检测制度,检测和认证由监察局技术认证中心完成。

同时,大部分国家与地区的监察局拥有一支可为用户解决复杂的矿山安全问题的科学家、工程师和工业卫生保健专家队伍。除直接与采矿企业合作外,监察局的技术专家们还在矿山现场开展调研、从事实验室的研究和进行采矿设备安全试验。在矿山应急期间,还提供特殊的现场技术援助。

四、良好的以人为本的矿山安全文化

树立以人为本的安全管理理念,全面预防的思想在大部分国家与地区矿山从业人员实际工作中落实得较好,安全无小事正成为煤矿从业人员的共识。同时大部分矿山还专门设置危机管理,基本建立了矿山救护队伍。各国与地区安全文化建设比较有特点

的项目有：组织全国性矿山救护竞赛项目、设立矿山安全评奖、开展"全国矿山安全意识日"活动、安全生产学术研讨会、全国安全电视电话会议、假日安全行动等。

五、矿山企业建立全面的安全管理制度

在政府矿山安全法律法规的指导下，各国与地区矿山企业普遍制订了细致的安全管理规章制度。总体看有以下几个有益的经验：

（1）安全管理实行三方协调制。一是强调生产管理人员必须服从安全第一的原则，二是行政方面设置不属于生产系统的专职安全监察员，三是由工会代表矿山工人利益参与安全管理。

（2）责任明确的生产安全管理组织构建。矿山各级管理人员都是其部门的安全管理第一人，如一个矿上的工长有区域的绝对控制权，他可以决定是否允许工人进入指定的工作地点。矿内分工工长负责井下工作面的安全检查，包括瓦斯浓度、顶板条件等。对于各类人员的安全责任明确到位。

（3）设立矿山安全监督员制度。全面落实矿山企业的安全管理。大部分矿山企业对煤矿安全监察机制的机构、人员构成、权限和责任都有全面的规范；规定各级安全监督检查员由矿山雇员选出。监督人员必须有矿山经理人或专业技术的资格证书，同时要有长时间的实地工作经验，确保安全监督的质量令人放心。专职安全监察人员实行定期检查和不定期检查相结合的方式，每一个工作地点每班都有专职人员检查。检查人员拥有相对独立的处罚权力，对一般违章行为进行批评；对严重违章行为，可给予停工教育、停发工资等处罚。

（4）建立潜在事故报告制度。即鼓励工人和技术人员寻找事故隐患，对新引进的设备、新的生产工艺、新的工作地点、新的工作环境都要进行风险评估，寻找可能引发事故的因素，并针对这些潜在事故因素提出防范措施。

六、充分发挥三方管理机制的作用

建立官方、资方、劳方的三方安全管理机制。从官方看,主要是由矿山安全监督机构对矿产资源开发与安全生产实行统一监督管理,并且是垂直领导,安全监督管理不受下级"政府"的约束,在矿山集中的地区,设立工作机构负责对所辖地区的日常安全监督管理工作;从资方来看,矿业权者对矿山安全生产工作全面负责,确保安全生产所需的设备、经费及人员。企业生产经营过程中的安全工作由矿场负责人负责。矿场安全主管在矿场负责人领导下,具体负责日常安全管理工作。而且,各企业普遍成立了由矿场生产、安全管理人员和作业人员代表或工会代表组成的矿场安全委员会,共同商议、协调解决矿场安全生产工作中的有关问题;从劳方来看,一种重要方式是工人通过矿场安全委员会等参加企业的安全管理。

同时注重发挥由政府部门、雇主和雇员三方代表组成的矿山安全管理三方机构的作用。

七、国家对煤炭行业实行特殊的行业扶持政策

鉴于矿山行业,特别是煤炭行业的特殊性,大部分国家与地区都对该行业从经济上给予支持,实施重点补助政策。如日本国每年都要围绕煤矿安全,就安全培训、安全技术开发、安全成果转让、安全装备及工程提供政府财政补贴,并对国内的煤炭产品实行价格保护政策。部分国家与地区还设立矿山安全基金,对矿山安全措施、设备以及安全培训等进行补贴,以鼓励发展本地的矿业,确保安全生产。

第四章　现代矿山企业安全管理理论

第一节　当代安全科学的新发展

人类防范事故的科学已经历了漫长的岁月,从事后型的"亡羊补牢"到预防型的本质安全;从单因素的就事论事到安全系统工程;从事故致因理论到安全科学原理,工业安全科学的理论体系在不断发展和完善。

安全科学理论体系的发展可划分为三个阶段:一是 20 世纪50 年代以前的事故学阶段;二是 20 世纪 50 年代到 80 年代的危险分析与风险控制理论阶段;三是 20 世纪 90 年代以来的现代的安全科学阶段,如图 4-1 所示。

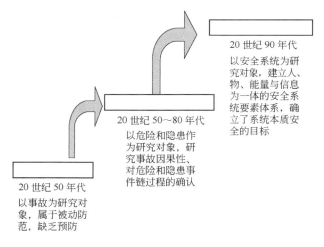

20 世纪 90 年代
以安全系统为研究对象,建立人、物、能量与信息为一体的安全系统要素体系,确立了系统本质安全的目标

20 世纪 50~80 年代
以危险和隐患作为研究对象,研究事故因果性、对危险和隐患事件链过程的确认

20 世纪 50 年代
以事故为研究对象,属于被动防范,缺乏预防

图 4-1　安全科学理论体系的发展阶段

一、事故学理论

事故学理论的基本出发点是事故,以事故为研究的对象和认识的目标,在认识论上主要是经验论与事后型的安全哲学,是建立在事故与灾难的经历上来认识安全,是一种逆式思路(从事故后果到原因事件)。方法论的主要特征在于被动与滞后,是"亡羊补牢"的模式,突出表现为一种头痛医头、脚痛医脚、就事论事的对策模式。

事故学理论是以事故为研究对象的认识,形成和发展了事故学的理论体系。依据这一理论,事故按管理要求进行分类的方法包括:加害物分类法、事故程度分类法、损失工日分类法、伤害程度与部位分类法;按预防需要的分类法包括致因物分类法、原因体系分类法、时间规律分类法、空间特征分类法等。

事故学理论的主要导出方法是事故分析(调查、处理、报告等)、事故规律的研究、事后型管理模式、三不放过的原则(即发生事故后原因不明、当事人未受到教育、措施不落实三不放过);建立在事故统计学上致因理论研究;事后整改对策;事故赔偿机制与事故保险制度等。

事故学理论的主要内容有:

(1)事故模型论:因果连锁模型(多米诺骨牌模型)、综合模型、轨迹交叉模型、人为失误模型、生物节律模型、事故突变模型等。

(2)事故致因理论:事故频发倾向论、能量意外释放论、能量转移理论、两类危险源理论。

(3)事故预测理论:线性回归理论、趋势外推理论、规范反馈理论、灾变预测法、灰色预测法等。

(4)对策理论:认为造成人的不安全行为和物的不安全状态的主要原因可归结为四个方面:技术原因、教育的原因、身体和态度的原因以及管理的原因,针对这四个方面的原因,可以采取工程技术对策、教育对策和法制对策。

事故学的理论对于研究事故规律、认识事故的本质，从而对指导预防事故有重要的意义。在长期的事故预防与保障人类安全生产和生活过程中发挥了重要的作用，是人类的安全活动实践的重要理论依据。但是，随着现代工业固有的安全性在不断提高以及安全事故产生原因的复杂化，事故学直接从事故本身出发的研究思路在实践运用中存在很大的局限性。

二、危险分析与风险控制理论

危险分析与风险控制理论以危险和隐患作为研究对象，其理论的基础是对事故因果性的认识，以及对危险和隐患事件链过程的确认。建立了事件链的概念，有了事故系统的超前意识流和动态认识论。确认了人、机、环境、管理事故综合要素，主张工程技术硬手段与教育、管理软手段综合措施，提出超前防范和预先评价的概念和思路。

由于有了对事故的超前认识，这一理论体系导致了比早期事故学理论更为有效的方法和对策，如预期型管理模式；危险分析、危险评价、危险控制的基本方法过程；推行安全预评价的系统安全工程；建立层层负责的综合责任体制；管理中的"五同时"原则；企业安全生产的动态"四查工程"等科学检查制度等。预风险控制理论指导下的方法，其特征体现了超前预防，系统综合，主动对策等。

危险分析与风险控制理论的基本内容包括：（1）系统分析理论，如故障树分析（FTA）理论、事件枝分析（ETA）理论、安全检查表（SCL）技术、故障及类型影响分析（FMFA）理论等；（2）安全评价理论，如安全系统综合评价、安全模糊综合评价、安全灰色系统评价理论等；（3）风险分析理论，如风险辨识理论、风险评价理论、风险控制理论等；（4）系统可靠性理论，包括人机可靠性理论、系统可靠性理论等；（5）隐患控制理论，如重大危险源理论、重大隐患控制理论、无隐患管理理论等。

危险分析和隐患控制理论从事故的因果性出发，着眼于事故的前期事件的控制，对实现超前和预期型的安全对策，提高事故预防的效果有着显著的意义和作用。但是,这一层次的理论在安全科学理论体系上,还缺乏系统性、完整性和综合性。

三、安全科学

(一)研究对象

安全科学理论以安全系统作为研究对象,建立了人—物—能量—信息的安全系统要素体系,提出系统自组织的思路,确立了系统本质安全的目标。通过安全系统论、安全控制论、安全信息论、安全协同学、安全行为科学、安全环境学、安全文化建设等科学理论研究,提出在本质安全化认识论基础上全面、系统、综合地发展安全科学理论。

(二)安全科学的理论系统

安全原理的理论系统还在发展和完善之中,目前已有的初步体系有:

(1)安全哲学。安全哲学是指从历史学和思维学的角度研究实现人类安全生产和安全生存的认识论和方法论。从发展历程看,其经历了三个阶段:一是远古阶段,人类的安全认识论是宿命论的,方法论是被动承受型的;二是近代阶段,人类的安全认识提高到经验的水平;三是现代时期,人类的安全认识论进入了系统论阶段,从而在方法论上能够推行安全生产与安全生活的综合型对策,甚至能够超前预防。

(2)安全系统论。安全系统论是指从安全系统的动态特征出发,研究人、社会、环境、技术、经济等因素构成的安全大协调系统,以达到生命保障、健康、财产安全、环保、信誉的目标体系。在认识了事故系统人、机、环境、管理四个要素的基础上,更强调从建设安全系统的角度出发。可以说,从安全系统的角度来认识安全原理更具有理性的意义,更具科学性原则,对安全系统的要素有了更全面的认识。

一是人的安全素质,具体要素包括人的心理与生理素质、安全能力和文化素质。

二是物,也就是设备与环境的安全可靠性,也就是设计安全性、制造安全性和使用安全性。

三是能量要素,也就是对生产过程的安全作用实现有效控制。

四是信息,通过对充分可靠的安全信息流,实现管理效能的充分发挥。

(3)安全控制论。安全控制是最终实现人类安全生产和安全生存的根本措施,是一系列有效的控制原则的组合,其要求从本质上认识事故,由此推出了实现安全系统的方法和对策。

(4)安全信息论。安全信息是安全活动所依赖的资源,安全信息论主要研究安全信息定义、类型,研究安全信息的获取、处理、存储、传输等技术。

(5)安全经济学。即研究安全的"贡献率",用安全经济学理论指导安全系统的优化。其具体研究的内容包括安全的减损效益(减少人员伤亡、职业病负担、事故经济损失、环境危害等)和增值效益。

(6)安全工程技术。其重点是随着技术和环境的不同,发展出相适应的硬技术原理,如机电安全原理、防火原理、防爆原理、防毒原理等。

目前还在发展中的安全理论有:安全仿真理论、安全专家系统、系统灾变理论、本质安全化理论、安全文化理论等。

(三)方法和特征

安全科学广泛吸收了安全技术、管理以及自组织等方面的思想认识,透过对安全的本质认识,要求从系统的本质入手,其方法论是主动、协调、综合、全面的,具体表现为:

(1)从人与机构和环境的本质安全入手,从人的知识、技能和意识素质入手,从人的观念、伦理、情感、态度、认知、品德等人文素质入手,提出安全文化建设的思路。

(2)倡导采用先进的安全科学技术,推广自组织、自适应、自动控制与闭锁的安全技术。

(3)注重研究人、物、能量、信息的安全系统、安全控制和安全信息等现代工业安全问题。

（4）强调设计、施工、投产的"三同时"原则，即企业在考虑经济发展、进行机制转换和技术改造时，安全生产方面要同时规划、发展、实施。

（5）注重预防型安全管理，在研究中逐渐形成了全员管理、全过程控制、全方位预防等超前预防型安全思路。

（6）推行安全目标管理、无隐患管理、安全经济分析、危险预知活动、事故判定技术等安全系统科学方法。

第二节　安全管理理论的发展与应用

一、安全管理的概念

安全管理就是管理者对安全生产进行的计划、组织、指挥、协调和控制的一系列活动。安全管理的核心内容是为贯彻执行国家安全生产的方针、政策、法律和法规，确保生产过程中的安全而采取的一系列组织措施。安全管理的目的是保护职工在生产过程中的安全与健康，保护国家和个人财产不受到损失，促进社会的和谐发展和生产建设的顺利进行。

安全管理的主要内容主要体现在三个方面：

一是遵循管理组织学的原理，就安全组织机构合理设置，安全机构职能的科学分工，安全管理体制协调高效，管理能力自组织发展，安全决策和事故预防决策的有效和高效做出安排。

二是构建专业人员保障系统，基本内容有：遵循专业人员的资格保证机制，通过开展学历教育和设置安全工程师职称系列，对安全专业人员定出具体严格的任职要求。通过安全管理人员兼职制度和安全组织机构建设，企业自上而下建立起全面、系统、有效的安全管理组织网络等。

三是投资保障机制，重点研究安全投资结构的关系，正确认识预防性投入与事后整改投入的关系，要研究和掌握安全措施投资政策和立法,遵循谁需要、谁受益、谁投资的原则,建立国家、企业、个人协调的投资保障系统等。

二、安全管理的发展

管理也是一种技术。安全管理的方法得当,是保证安全管理效能的重要因素。就安全管理发展而言,按照管理对象、管理过程、管理理论、管理手段等角度可以有不同的划分。

从管理对象的角度可划分为近代的事故管理阶段和现代的隐患管理阶段。

(1)事故管理阶段。近代,人们把安全管理等同于事故管理,仅仅围绕事故本身做文章,安全管理的效果是有限的。

(2)隐患管理阶段。发展于 20 世纪 60 年代,其基于安全系统工程原理,强调了系统的危险控制,揭示了隐患管理的机理。在 21 世纪,隐患管理将得到推广和普及。

从管理过程的角度可划分为事故后管理阶段和预防管理阶段。

(1)事故后管理阶段。20 世纪 60 年代,对安全管理的认识还集中在事中控制与事后补救与改进的阶段,对安全缺乏有效的事前预防。

(2)预防管理阶段。20 世纪 60 年代后,随着安全管理科学的发展,人们逐步认识到,科学的管理要协调安全系统中的人、机、环境诸因素,管理不仅是技术的一种补充,更是对生产人员、生产技术和生产过程的控制、协调与预防,以安全系统工程为标志,超前和预防型的安全管理得以强化。

从管理理论的角度可划分为事故致因管理阶段和全面的科学管理阶段。

(1)事故致因管理阶段。20 世纪 30 年代,美国著名的安全工程师海因里希提出了 1:29:300 安全管理法则,发展了事故致因理论,为近代工业安全做出了非凡贡献。

(2)全面的科学管理阶段。20 世纪后期,现代的安全管理理论有了全面的发展,发展了安全系统工程原理、安全人机工程原理、安全行为科学理论、安全法学理论、安全经济学理论、风险分析与安全评价等分支学科,安全管理进入全面的"管理丛林"阶段。

从管理手段的角度看,实现了标准化、规范化管理向以人为本、柔性管理的过渡。21世纪,安全管理系统工程、安全评价、风险管理、预期型管理、目标管理、无隐患管理、行为抽样技术、重大危险源评估与监控等现代安全管理方法的应用全面丰富了安全管理手段,现代安全管理已经由传统的行政手段、经济手段,以及常规的监督检查为主的阶段,发展到综合运用现代的法治手段、科学手段和文化手段的阶段。

三、现代安全管理的方法和特点

安全管理的方法可分为常规安全管理方法与现代安全管理工程方法两大类。

常规安全管理的方法主要包括:安全行政管理、安全监督检查、安全设备设施管理、劳动环境及卫生条件管理、事故管理等管理制度等传统管理方法;安全生产方针、安全生产工作体制、安全生产五大原则、全面安全管理、"企业主、各级管理人员及员工三负责制"、"自检、互检、专检相结合的安全检查制度"、"查违章指挥、违章作业、违反劳动纪律的安全生产督察制度"、以自上而下层层分解安全目标、落实安全责任,自上而下逐级倒挂钩连带责任考核为主要内容的"金字塔安全系统管理法"、人流物流定置管理等综合管理方法。

现代安全管理工程的方法主要有:安全哲学原理、安全系统论原理、安全控制论原理、安全信息论原理、安全经济学原理、安全协调学原理、安全思维模式的原理、事故预测与预防原理、事故突变原理、事故致因理论、事故模型学、安全法制管理、安全目标管理法、无隐患管理法、安全行为抽样技术、安全经济技术与方法、安全评价、安全行为科学、安全管理的微机应用、安全决策、事故判定技术、本质安全技术、危险分析方法、风险分析方法、系统安全分析方法、系统危险分析、故障树分析、PDCA 循环法、危险控制技术、安全文化建设等。

现代安全管理的特点主要体现在以下几个方面：

（1）由传统的纵向单因素安全管理向现代的横向综合安全管理转变；

（2）由传统的事故管理向现代的事件分析与隐患管理（变事后型为预防型）转变；

（3）由传统的被动的安全管理向现代的主动安全管理转变；

（4）由传统的静态安全管理向现代的安全动态管理转变；

（5）由过去企业只顾生产经济效益的安全辅助管理向现代的效益、环境、安全与卫生的综合效果的管理；

（6）由传统的被动、辅助、滞后的安全管理模式向现代主动、主导、超前的安全管理模式转变；

（7）由传统的外部强制型安全指标管理向内部自我激励型的安全目标管理转变。

第三节　职业健康安全管理体系的发展❶

一、职业健康安全管理体系产生的背景

职业健康安全管理体系 OHSMS 18000（同 OHSAS 18000）是 20 世纪 80 年代后期在国际上兴起的现代安全生产管理模式，它是一套系统化、程序化和具有高度自我约束、自我完善的科学管理体系。其核心是要求企业采用现代化的管理模式，使包括安全生产管理在内的所有生产经营活动科学、规范和有效，建立安全健康的全面风险管理体系，从而预防事故发生和控制职业危害。其全名为 Occupational Health and Safety Management（Assess-

---

❶　参阅《浅谈职业健康安全管理体系》（熊卫军．信息技术与标准化．2002/4）、《职业健康安全管理体系认证》（曾新云．安徽建筑．2002/5）等。

ment) Series 18000,作为一个国际性安全及卫生管理系统认证标准,它与 ISO9000 和 ISO14000 等标准规定的管理体系一并被称为后工业化时代的基本管理方法。

20 世纪 90 年代后期,一些发达国家借鉴 ISO9000 认证的成功经验,开展了实施 OHSMS 的活动。1996 年英国颁布了BS8800《职业安全卫生管理体系指南》标准以后,美国、澳大利亚、日本、挪威的一些组织制定了关于职业健康安全管理体系的指导性文件,1999 年英国标准协会(BSI)、挪威船级社(DNV)等 13 个组织提出职业健康安全管理评价系列(OHSAS)标准,即 OH-SAS18001《职业健康安全管理体系的规范》、OHSAS18002《职业健康安全管理体系——OHSAS18001 实施指南》。国际标准化组织(ISO)也多次提议制定相关国际标准。许多国家和国际组织开始在本国和所在地区实施职业健康安全管理认证,成为继实施质量管理体系、环境管理体系认证之后国际社会关注的又一热点。

从国际环境看,OHSMS 的产生及广泛应用具有深刻的时代背景:一方面,OHSMS 的产生是企业自身发展的要求。随着企业规模的扩大和生产集约化程度的提高,对企业的质量管理和经营模式提出了更高的要求,企业必须采用现代化的管理模式,使包括安全生产管理在内的所有生产经营活动科学化、规范化、法制化。国际上一些大的跨国公司和现代化联合企业在强化质量管理的同时也建立了与生产管理同步的安全生产管理制度,为了提高自己的社会形象和控制职业病伤害给企业带来的损失,这些企业开始建立自律性的职业健康安全管理制度并逐步形成了比较完善的体系。

另一方面,OHSMS 的产生是世界经济全球化和国际贸易发展的需要。WTO 的最基本原则是"公平竞争"其中就包含环境保护和职业健康安全问题,美欧等西方工业发达国家提出:由于国际贸易的飞速发展和发展中国家对世界经济活动越来越多的参与,各国职业健康安全的差异使发达国家在成本、价格和贸易竞争等方面处于不利的地位。北美、欧洲都已在自由贸易区协议中规定:只有采取同一职业健康安全标准的国家与地区才能参加贸易区的国际贸易活动，以期共同对抗以降低劳动保护投入作为贸易竞争手段的国家和地区。

二、OHSMS 的基本术语

OHSMS 主要有以下 7 个关键概念：

（1）职业健康安全。影响工作场所内员工、临时工作人员、合同方人员、访问者和其他人员健康安全的条件和因素。

（2）职业健康安全管理体系。总的管理体系的一部分，便于组织对其业务相关的职业健康安全风险的管理，它包括为制定、实施、实现、评审和保持职业健康安全方针所需的组织结构、策划活动、职责、惯例、程序、过程和资源。

（3）危险源。可能导致伤害或疾病、财产损失、工作环境破坏或这些情况组合的根源或状态。

（4）危险源辨识。识别危险源的存在并确定其特性的过程。

（5）风险。某一特定危险情况发生的可能性和后果的组合。

（6）风险评价。评估风险大小以及确定风险是否可容许的全过程。

（7）绩效。基于职业健康安全方针和目标，与组织的职业健康安全风险控制有关的职业健康安全管理体系的可测量结果。

三、OHSMS 的基本要求

OHSMS 的五项核心要素构成了 OHSMS 的基本要求，是组织建立、实施、保持、改进 OHSMS 的原则与要求。

（1）建立职业健康安全方针。职业健康安全方针是组织在职业健康安全方面的宗旨和方向，是组织总体方针中的组成部分，它体现了组织对待职业健康安全问题的指导思想和承诺。一个组织无论是建立、实施 OHSMS 还是保持、改进 OHSMS 都应随时关注职业健康安全方针，一个组织的 OHSMS 的运行，应始终围绕职业健康安全方针进行。

（2）实施有效的策划。不同的组织、不同区域的组织，在日常运作过程中,为达到其预期的职业健康安全绩效,策划工作是一项非常重要的步骤,它是建立OHSMS的启动阶段,策划工作主要体现在:对危险源辨识、风险评价和风险控制的策划;对相关法律、法规和其他要求的识别、获得、使用、更新的策划;针对职业健康安全方针对职业健康安全目标及分目标进行建立的策划;为实现职业健康安全目标/分目标,进行职业健康安全管理方案的策划。

(3)实施必要的控制活动并运行对风险进行控制的措施。1)健全的职业健康安全管理组织结构及明确的分工是组织成功运行OHSMS的必要前提;2)相关人员,特别是其工作可能影响工作场所内职业健康安全的人员的意识和能力是组织开展OHSMS的保证;3)建立良好的内、外部沟通渠道和方法,使组织的OHSMS持续适宜、充分、有效;4)必要的、适宜的文件化管理并对其实施有效地控制;5)对组织存在的危险源所带来的风险,通过目标、管理方案进行持续改进,并通过文件化的运行控制程序或应急准备与响应程序进行控制,以保证组织全面的风险控制和取得良好的职业健康安全绩效。

组织应全面实施上述五点的要求,使可能导致事故的危险源始终处于受控状态,为避免事故发生提供保障条件,使组织的OHSMS成功运行。

(4)开展检查和纠正措施活动。OHSMS倡导组织建立的OHSMS应具有自我调节、自我完善的功能。其监控机制具有实施检查、纠错、验证、评审和提高的能力:对组织的职业健康安全行为要保持经常化的监测,包括组织遵守法律、法规情况的监测,以及职业健康安全绩效方面的监测;对所产生的事故、事件不符合,组织应及时纠正并采取相应措施;实施良好的职业健康安全记录和记录管理,为组织职业健康安全管理体系有效运行提供证据;定期检查OHSMS是否得到了正确的实施和保持,为进一步改进OHSMS提供依据。

(5)实施最高管理者的定期评审。对组织内OHSMS中的一些问题,由决策层加以解决,对组织内、外部变化的情况,对体系的持续适宜性、有效性和充分性做出判断,并做出相应的调整。

四、OHSMS 的管理特点

OHSMS 强调组织要有系统的组织机构、要有垂直的运作系统,同时还要有一个横向的监控系统,这个系统是组织 OHSMS 有效运行的保证。其基本理念体现如下:

(1)对组织与职业健康安全有关活动实施全过程控制并且是文件化、程序化的管理。

(2)组织必须严格按文件化、制度化要求执行。

(3)强调预防思想。

(4)危害辨识评价与控制可实现对事故的预防和生产作业的全过程控制,做到对各种预知风险因素事先控制,对各种潜在事故制定应急程序。

(5)构建一个持续改进的体系。在职业健康安全方针指导下,周而复始地进行体系所要求的"计划、实施与运行、检查和纠正措施、管理评审",并随着科技水平的提高,职业健康安全法律、法规及各项相关标准的完善,组织管理者及全员的意识的提高,达到持续改进的目的。

五、实施 OHSMS 的基本活动

实施 OHSMS 需要开展大量的工作,这些工作开展的好坏将直接影响组织 OHSMS 运行的成败与有效性,需要给予重点关注的活动有:明确适用于组织的法律、法规及其他要求;确定组织的生产或服务中的危险因素,进行危险评价和分级,列出具有重大危险的设备、设施或场所;评价现有的职业健康安全组织机构、职责划分以及现有管理制度的有效性;评价组织的职业健康安全现状与相关的法规、标准、指南等的符合程度;了解组织现行的职业健康安全管理操作惯例和程序的适用程度;对以往事故、事件、不符合以及纠正、预防措施的评价;确定涉及组织采购和合同活动的现行方针和程序的适用程度;关注相关方的观点和要求;确定组织与其他体系中有利于或不利于职业健康安全的职能或活动;根据评审结果制定指引组织进行职业健康安全管理;制定组织将其内部危险源所带来的风险降低至某种程度的目标;通过职业培训或其他措施使人员具备职业健康安全意识及岗位能力;制定实现职业健康安全目标的计划方案;制定使可能给组织带来风险,且导致事故的危险源处于受控状态管理的运行控制程序文件;制定应急准备措施,以尽可能减少或消除由于紧急情况或意外事故所造成的损失等。

六、建立 OHSMS 的步骤

建立 OHSMS 的步骤为:

(1)制定建立职业健康安全管理体系工作的总体计划。计划应尽可能详细,包括总体进度、开展的阶段/活动、阶段进度要求、阶段输入/输出、阶段负责人、执行人员及其职责、所需资源、考核要求等。

(2)成立工作。体系的建立必须得到组织最高管理者的支持,并由最高管理者任命的管理者代表全权负责 OHSMS 的有关工作,工作组的成员应掌握管理体系及相关的知识并具备一定的沟通能力,工作组成员专兼职均可,但应明确分工。

(3)提供资源。具备能力的人员、硬件、软件设施、工作场所、环境及相应辅助设施的提供是建立体系工作中必须的步骤。

(4)进行全员培训。最高管理者、管理层、执行层、各级岗位员工、具体负责安全生产管理人员以及工作组成员都应是培训的对象,培训不仅包括标准的培训还应包括相关的岗位技能等其他方面。

(5)现状调查与评估。界定初始评审范围,组成评审小组、制定评审计划;收集组织过去和现在的有关职业健康安全及管理状况的资料信息;对组织的重要危险因素加以确定和评价;编制适用的法律、法规清单并对其符合性进行评估;对调查结果进行分析,评价现有 OHSMS 运行的可行性、有效性,找出固有体系要素的缺陷;形成初始评审报告。

（6）OHSMS 的设计。依据初始评审结果制定职业健康安全方针;制定职业健康安全目标;确定组织机构及职责、权限;制定 OHSMS 方案。

（7）编写 OHSMS 文件。管理手册、程序文件、作业文件(工作指令、作业指导书、记录表格)等,是文件最常见的形式。文件化的建立要满足标准的要求,要反映组织特点,反映组织生产活动的特点,要能对关键过程实施有效控制,文件还应与组织原有的管理体系中的管理制度、管理规程相协调。

（8）OHSMS 试运行。在实践中检验体系的充分性、适用性、有效性。

（9）内部审核。对体系是否正常运行以及是否达到规定的目标进行系统的、自我的检查和评价。

（10）管理评审。组织的最高管理者对组织职业健康安全方针,OHSMS 和程序是否适合于职业健康安全目标、职业健康安全法规和变化了的内外部条件做出系统的评价。

（11）改进、完善阶段。

七、企业实施职业健康安全管理体系的意义

企业实施职业健康安全管理体系的意义有:

（1）可以提高企业的安全管理和综合管理水平,促进企业管理的规范化、标准化、现代化。

（2）减少因工伤事故和职业病所造成的经济损失和因此所产生的负面影响,提高企业的经济效益。

（3）提高企业的信誉、形象和凝聚力。

（4）提高职工的安全素质、安全意识和操作技能,使员工在生产、经营活动中自觉防范安全健康风险。

（5）增强企业在国内外市场中的竞争能力。

（6）为企业在国际生产经营活动中吸引投资者和合作伙伴创造条件。

（7）促进企业的安全管理与国际接轨，消除贸易壁垒，是企业的第三张通行证。

（8）通过提高安全生产水平改善政府—企业—员工（以及相关方）之间的关系。

八、进行职业安全健康管理体系认证的依据

原国家经贸委在 1999 年 10 月 13 日下发了《关于职业安全卫生管理体系试行标准的通知》（国经贸厅［1999］447 号）和《关于开展职业安全卫生管理体系认证工作的通知》（国经贸安全［1999］983 号）。2000 年创办了《职业安全卫生管理体系认证》双月刊，成立了指导委员会、机构管理委员会、注册委员会，其目的是全面推动此项工作。原国家经贸委于 2001 年 12 月 20 日发布和实施《职业安全健康管理体系指导意见》和《职业安全健康管理体系审核规范》；国家质量监督检验检疫总局颁布《职业安全健康管理体系规范》（GB/T28001—2001），并于 2002 年 1 月 1 日正式实施，同时加大了推动和推广力度。2002 年 3 月 20 日国家安全生产监督管理局下达关于印发《职业安全健康管理体系审核规范-实施指南》的通知。2002 年 6 月 29 日，九届全国人大常委会审议通过了《安全生产法》，以促进企业《职业安全健康管理体系规范》（GB/T28001—2001)管理体系的建立。

第四节　现代安全管理理论对
我国矿山安全管理的启示

改革开放以来，我国国民经济一直保持着高速增长，但作为社会发展重要标志之一的职业健康安全状况却远远滞后于经济建设的步伐，特别是近几年，我国的安全形势十分严峻，职业健康与安全生产问题成为困扰我国经济发展的一大障碍。上述现代安全科学、安全管理学以及职业健康安全管理体系对我国广大矿山企业改善安全管理状况无疑具有现实启示意义，也是对我国构建矿山安全管理体系提出的基本要求。

一、强调安全第一,预防为主的安全管理理念

安全是矿山行业生产的第一要求,是企业生产的根基所在,因此,外部监管机构、矿山企业在生产经营的全过程应当充分理解这一基本原则,建立"安全第一"的企业文化,将预防为主作为实现安全生产的根本手段。

政府、矿山企业以及从业人员应准确了解和掌握安全管理一般的和特定的要求,包括安全控制与安全预防的关键点,并且能够及时、准确、完整地将安全要求转化为生产经营规范,确保生产的全过程适应安全管理的要求。

二、强调领导作用

矿山企业的领导者是安全管理责任落实的第一人,应将安全生产管理作为企业经营的一项中心工作来抓,把安全生产理念全面落实到各项生产经营活动之中,努力创造出促使员工充分参与安全管理的内部环境。矿山企业的最高管理者是"在最高层指挥和控制组织的一个人或一组人。"最高管理者(层)对安全问题的高度重视和强有力的领导是企业安全管理取得成功的关键。这要求矿山企业的最高管理者(层)要想指挥、控制好一个组织的安全生产问题,必须做好确定安全方向、策划出科学的安全管理体系,激励员工安全生产的积极性,协调各类生产活动,营造一个良好的安全生产的内部文化环境等工作。

三、强调安全管理的全员参与性

从政府监管部门到矿山企业的各级管理者和各级从业人员,只有他们对安全管理的充分参与,才能确保整个安全生产的贯彻与落实。矿山企业的安全管理是通过外部、内部各级人员参与各项安全活动而实现的,矿山全体员工是企业的基础,建立有效的矿山安全管理体系的前提就是要对员工进行安全意识、安全技术、职

业道德以及敬业精神等方面的教育,还要激发他们的积极性和责任感。此外,员工还应具备足够的知识、技能和经验,才能胜任矿山工作,实现充分参与。

四、对安全实现全过程的管理

现代管理理论认为,任何利用资源并通过管理将输入转化为输出的活动,均可视为过程。矿山企业的安全生产正是在这些过程中得以体现的。安全生产的"过程方法"就是要系统地识别和管理涉及到矿山企业安全管理的所有内部过程和外部监管过程,特别明确这些过程之间的相互作用。在开展安全管理各项活动中,过程包含一个或多个将输出转化为输入的活动,通常一个过程的输出直接成为下一个过程的输入,有时多个过程之间还形成了比较复杂的过程网络,矿山安全外部监管机构及矿山企业应采用过程方法对活动和相关资源实施控制,确保每个过程的质量,并高效率达到预期的效果。通过过程方法,组织可获得持续改进的动态循环,并使安全管理的水平不断提升。

五、安全管理的系统性

系统是"相互关联或相互作用的一组要素"。系统的特点之一就是通过各分系统协同作用,互相促进,使总体的作用往往大于各分系统作用之和。所谓系统方法,包括系统分析、系统过程和系统管理三大环节。将相互关联的安全管理过程作为系统加以识别、理解和管理,有助于矿山企业提高实现安全目标的有效性和效率。在安全管理中采用系统方法,就是要把安全管理体系作为一个大系统,对组成矿山安全管理体系的各个过程加以识别、理解和管理,以达到实现安全方针和安全目标的目的。

六、安全管理水平的持续改进

持续改进矿山安全管理的水平可以说是矿山安全管理的永恒目标。持续改进是"增强满足要求的能力的循环活动"。为了改进矿山安全管理水平,外部监管机构及矿山企业应不断改进安全生产的手段,提高安全管理体系及过程的有效性和效率。只有坚持持续改进,安全管理水平才能不断进步。外部监管机构、矿山最高管理者以及全体员工作为持续改进活动的主体,是实现持续改进的根本推动力。

七、强调安全管理的科学决策

对安全管理方面的决策是监管机构及矿山企业内部各级领导的职责之一。所谓决策就是针对预定目标,在一定约束条件下,从诸多方案中选出一个最佳的付诸实施。安全无小事,对安全相关问题的决策必须确保客观,正确的决策需要用科学的态度,以事实或正确的信息为基础,通过合乎逻辑的分析,做出正确的决策。盲目的决策或只凭个人的主管意愿的决策只会带来损失。

八、矿山监管机构与矿山企业良好的"共赢"关系

安全管理中,外部监管机构与矿山企业是相互推动的,促进的关系。监管机构面向矿山开展安全生产的监管活动对矿山的内部安全管理产生着重要影响,而矿山企业对监管机构的快速响应与落实又是确保监管机构得以有效开展工作的基础。

九、高度关注职业健康

近几年来,国际上安全生产管理水平和安全健康科学技术发展迅速,提高很快。我国的安全生产现状与工业发达国家比较明显落后,这些差距主要表现在法规体系不够健全,职业健康安全管理体系不完善和安全卫生基础研究与应用技术落后等方面。特别是在安全管理方面,我国还停留在安全事故预防阶段,对职工的职业健康安全关注不够。提高我国矿山从业人员的职业健康管理水平,保障广大矿工的根本利益,也是矿山安全管理的重要组成部分。

第五章　我国矿山安全的外部监管环境分析

外部监管环境是矿山企业建立内部安全管理系统的出发点和基本依据,一个完整的外部监管环境包括安全监管的法律法规环境、监管体制、监管机制三个方面的主要内容。

第一节　安全生产的法律法规环境

安全生产法律法规是保障安全生产,防止和减少生产安全事故与职业危害,保护劳动者和人民群众的人身安全、健康和财产安全的法律规范的总和。按照"安全第一,预防为主"的安全生产方针,国家制定了一系列的安全生产、劳动保护的法规。

据统计,中华人民共和国建国 50 多年来,颁布并在用的有关安全生产、劳动保护的主要法律法规约 280 项,其中以法律条文的形式出现,对矿山安全生产管理具有十分重要作用的是《中华人民共和国安全生产法》、《中华人民共和国矿山安全法》、《劳动法》、《职业病防治法》、《中华人民共和国行政监察法》、《矿山安全监察条例》、《中华人民共和国矿产资源法(修正)》、《特别重大事故调查程序暂行规定》等,根据我国立法体系的特点,以及安全生产法规调整的不同范围,安全生产法律体系由若干层次构成,如图 5-1 所示。

一、宪法和基本法律中有关安全的规定

在我国,宪法规定了"国家通过各种途径,创造劳动就业条件,加强劳动保护,改善劳动条件",规定了国家尊重和保障人权,保障劳动者的休息权,保护妇女、儿童的权益等基本原则。

基本法律中,《刑法》对重大劳动安全事故罪、工程重大安全事

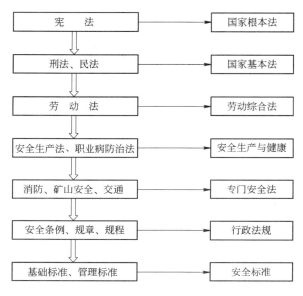

图 5-1   安全生产法律法规体系及层次

故罪、危险物品肇事罪、重大责任事故罪、消防责任事故罪等的处罚做了规定;安全事故的民事责任主要是侵权民事责任,包括财产损失赔偿责任和人身伤害民事责任。我国《民法通则》规定了九种特殊侵权民事责任,其中有六种属于安全事故民事责任范畴。

二、劳动法中关于安全的内容

《劳动法》是 1994 年 7 月 5 日第八届全国人大常务委员会第八次会议通过,于 1995 年 1 月 1 日起施行的一部法律。《劳动法》第六章为"劳动安全卫生",其中规定:

用人单位必须建立、健全劳动安全卫生制度,严格执行国家劳动安全卫生规程和标准,对劳动者进行劳动安全卫生教育,防止劳动过程中的事故,减少职业危害。

劳动安全卫生设施必须符合国家规定的标准。新建、改建、扩建工程的劳动安全卫生设施必须与主体工程同时设计、同时施工、同时投入生产和使用。

用人单位必须为劳动者提供符合国家规定的劳动安全卫生条件和必要的劳动防护用品,对从事有职业危害作业的劳动者应当定期进行健康检查。

从事特种作业的劳动者必须经过专门培训并取得特种作业资格。

劳动者在劳动过程中必须严格遵守安全操作规程。劳动者对用人单位管理人员违章指挥、强令冒险作业,有权拒绝执行;对危害生命安全和身体健康的行为,有权提出批评、检举和控告。

国家建立伤亡事故和职业病统计报告和处理制度。县级以上各级人民政府劳动行政部门、有关部门和用人单位应当依法对劳动者在劳动过程中发生的伤亡事故和劳动者的职业病状况,进行统计、报告和处理。

三、关于安全的法律和与安全有关的法律

(一)《中华人民共和国安全生产法》

《中华人民共和国安全生产法》(简称《安全生产法》)于 2002年 6 月 29 日第九届全国人大常务委员会第二十八次会议通过。《安全生产法》是我国第一部全面规范安全生产工作的专门法律。它是我国安全生产法律体系的主体法,是国家为保障生产经营单位的从业人员在生产工作中的安全与健康,保障生产作业条件的改善,促进安全生产健康发展所采取的各种措施的法律规范,是各类生产经营单位及其从业人员实现安全生产所必须遵循的行为准则,是各级政府及其有关部门进行安全生产监督管理和行政执法的法律依据,是制裁各种安全生产违法犯罪行为的有力武器。

《安全生产法》包含总则、生产经营单位的安全生产保障、从业人员的权利和义务、安全生产的监督管理、生产安全事故的应急救援与调查处理、法律责任和附则七章,共九十七条。

(二)《中华人民共和国职业病防治法》

《中华人民共和国职业病防治法》(简称《职业病防治法》)于

2001 年 10 月 27 日由第九届全国人大常务委员会第二十四次会议通过,自 2002 年 5 月 1 日起施行。《职业病防治法》包含总则、前期预防、劳动过程中的防护与管理、职业病诊断与职业病病人保障、监督检查、法律责任及附则,共七十九条。该法立法的目的是为了预防、控制和消除职业病危害,防治职业病,保护劳动者健康及其相关权益,促进经济发展。

(三)《中华人民共和国矿山安全法》

《中华人民共和国矿山安全法》(简称《矿山安全法》)是 1992 年 11 月 7 日第七届全国人民代表大会常务委员会第二十八次会议通过,自 1993 年 5 月 1 日起施行的一部安全法律。《矿山安全法》包含总则、矿山建设的安全保障、矿山开采的安全保障、矿山企业的安全管理、矿山安全的监督和管理、矿山事故处理、法律责任及附则八章,共五十条。《矿山安全法》是保障矿山生产安全,防止矿山事故,保护矿山职工人身安全,促进采矿业的发展的重要专业安全生产法律,也是我国在矿山生产领域最高层次的安全生产专业法律。

(四)《中华人民共和国消防法》

《中华人民共和国消防法》(简称《消防法》)于 1998 年 4 月 29 日由第九届全国人大常务委员会第二次会议通过,自 1998 年 9 月 1 日起施行。《消防法》包含总则、火灾预防、消防组织、灭火救援、法律责任及附则六章,共五十四条。《消防法》规定:消防工作由国务院领导,由地方各级人民政府负责。各级人民政府应当将消防工作纳入国民经济和社会发展计划,保障消防工作与经济建设和社会发展相适应。国务院公安部门对全国的消防工作实施监督管理,县级以上地方各级人民政府公安机关对本行政区域内的消防工作实施监督管理,并由本级人民政府公安机关消防机构负责实施。军事设施、矿井地下部分、核电厂的消防工作,由其主管单位监督管理。任何单位、个人都有维护消防安全、保护消防设施、预防火灾、报告火警的义务。任何单位、成年公民都有参加有组织的灭火工作的义务。

（五）其他与安全有关的法律

其他与安全有关的法律还有：《中华人民共和国工会法》（2001年10月28日起施行），《中华人民共和国煤炭法》（1996年12月1日起施行），《中华人民共和国道路交通安全法》（2004年5月1日起施行），《中华人民共和国矿产资源法（修正）》（1997年1月1日起施行）等。

四、关于安全的行政法规

（一）《中国共产党纪律处分条例（试行）》中有关安全生产的条文

1997年2月27日，中共中央颁布了《中国共产党纪律处分条例（试行）》，条例中与安全生产有关的失职类错误的条文如下：

第一百零八条规定：在安全工作方面，有下列情形之一，造成较大损失的给予直接责任者严重警告或者撤销党内职务处分。造成重大损失的，对直接责任者，给予留党察看或者开除党籍处分；负有重要领导责任者，给予警告、严重警告或者撤销党内职务处分。造成巨大损失的，加重处分。

一是不认真执行劳动保护、安全生产和消防方面的法规，致使发生爆炸、火灾、翻车、沉船、飞机失事、工程倒塌以及其他事故的；

二是在灾害面前，未采取必要和可能措施，贻误时机，使本来可以避免的损失未能避免的；

三是在组织群众性活动时，缺乏周密布置，对可能发生的问题未采取有效地防范措施，发生恶性事故的。

（二）《危险化学品安全管理条例》

2002年1月26日，中华人民共和国国务院颁布了《危险化学品安全管理条例》，条例于2002年3月15日起施行。该条例基本宗旨和目的是加强对危险化学品的安全管理，保障人民生命、财产安全，保护环境，适用范围是在中华人民共和国境内生产、经营、储存、运输、使用危险化学品和处置废弃危险化学品的各个环节和过程。

条例所称危险化学品,包括爆炸品、压缩气体和液化气体、易燃液体、易燃固体、自燃物品和遇湿易燃物品、氧化剂和有机过氧化物、有毒品和腐蚀品等。危险化学品列入以国家标准公布的《危险货物品名表》(GB12268);剧毒化学品目录和未列入《危险货物品名表》的其他危险化学品,由国务院经济贸易综合管理部门会同国务院公安、环境保护、卫生、质检、交通部门确定并公布。

(三)《国务院关于特大安全事故行政责任追究的规定》

为了有效地防范特大安全事故的发生,严肃追究特大安全事故的行政责任,保障人民群众生命、财产安全,2001年4月21日国务院颁布了《国务院关于特大安全事故行政责任追究的规定》(中华人民共和国国务院令第302号)。发生特大安全事故,不仅要追究直接责任人的责任,而且要追究有关领导干部的行政责任;构成犯罪的,还要依法追究刑事责任。《规定》就特大事故的防范、发生,向地方人民政府、政府有关部门及其负责人员追究行政责任作了具体规定,包括:发生特大安全事故,社会影响特别恶劣或者性质特别严重的,由国务院对负有领导责任的省长、自治区主席、直辖市市长和国务院有关部门正职负责人给予行政处分。

《国务院关于特大安全事故行政责任追究的规定》中第二条规定:地方人民政府主要领导人和政府有关部门正职负责人对下列特大安全事故的防范、发生,依照法律、行政法规和本规定的规定有失职、渎职情形或者负有领导责任的,依照本规定给予行政处分;构成玩忽职守罪或者其他罪的,依法追究刑事责任:(一)特大火灾事故;(二)特大交通安全事故;(三)特大建筑质量安全事故;(四)民用爆炸物品和化学危险品特大安全事故;(五)煤矿和其他矿山特大安全事故;(六)锅炉、压力容器、压力管道和特种设备特大安全事故;(七)其他特大安全事故。

第十一条规定:依法对涉及安全生产事项负责行政审批(包括批准、核准、许可、注册、认证、颁发证照、竣工验收等,下同)的政府部门或者机构,必须严格依照法律、法规和规章规定的安全条件和程序进行审查;不符合法律、法规和规章规定的安全条件的,不得批准;不符合法律、法规和规章规定的安全条件,弄虚作假,骗取批准或者勾结串通行政审批工作人员取得批准的,负责行政审批的政府部门或者机构除必须立即撤销原批准外,应当对弄虚作假骗取批准或者勾结串通行政审批工作人员的当事人依法给予行政处罚;构成行贿罪或者其他罪的,依法追究刑事责任。

负责行政审批的政府部门或者机构违反前款规定,对不符合法律、法规和规章规定的安全条件予以批准的,对部门或者机构的正职负责人,根据情节轻重,给予降级、撤职直至开除公职的行政处分;与当事人勾结串通的,应当开除公职;构成受贿罪、玩忽职守罪或者其他罪的,依法追究刑事责任。

(四)《中华人民共和国矿山安全法实施条例》

1996 年 10 月 30 日,劳动部颁布了《中华人民共和国矿山安全法实施条例》(中华人民共和国劳动部令第 4 号)。该条例根据《中华人民共和国矿山安全法》制定,规定了国家采取政策和措施,支持发展矿山安全教育,鼓励矿山安全开采技术、安全管理方法、安全设备与仪器的研究和推广,促进矿山安全科学技术进步。

(五)《安全生产许可证条例》

为了严格规范安全生产条件,进一步加强安全生产监督管理,防止和减少生产安全事故,根据《中华人民共和国安全生产法》的有关规定,2004 年 1 月 13 日,国务院发布了《安全生产许可证条例》(国务院令第 397 号)。

条例规定:国家对矿山企业、建筑施工企业和危险化学品、烟花爆竹、民用爆破器材生产企业(以下统称企业)实行安全生产许可制度。企业未取得安全生产许可证的,不得从事生产活动。

国务院安全生产监督管理部门负责中央管理的非煤矿矿山企业和危险化学品、烟花爆竹生产企业安全生产许可证的颁发和管理。省、自治区、直辖市人民政府安全生产监督管理部门负责前款规定以外的非煤矿矿山企业和危险化学品、烟花爆竹生产企业安全生产许可证的颁发和管理,并接受国务院安全生产监督管理部门的指导和监督。

国家煤矿安全监察机构负责中央管理的煤矿企业安全生产许可证的颁发和管理。在省、自治区、直辖市设立的煤矿安全监察机构负责前款规定以外的其他煤矿企业安全生产许可证的颁发和管理,并接受国家煤矿安全监察机构的指导和监督。

（六）其他行政法规

其他相关的行政法规还有:《特别重大事故调查程序暂行规定》(国务院 1989 年 3 月 29 日发布),《尘肺病防治条例》(国务院 1987 年 12 月 3 日发布),《使用有毒物品作业场所劳动保护条例》(国务院 2002 年 4 月 30 日发布)等。

五、安全标准

我国的安全标准属于强制性标准,是安全生产法规的延伸与具体化,其体系由基础标准、管理标准和安全生产技术标准组成,具体见表 5-1。

表 5-1　安全生产标准体系

标　准　类　型		主　要　标　准
基础标准	基础标准	标准编写的基本规定、标准综合体系规划编制方法、标准体系表编制原则和要求、企业标准体系表编制指南、生产过程危险和有害因素分类代码
	安全标志与报警信号	安全色、安全色使用指导、安全标志、安全标志使用导则、报警信号通则、紧急撤离信号
管　理　标　准		特种作业人员考核标准、重大事故隐患评价方法及分级标准、事故统计分析标准、安全系统工程标准
安全生产技术标准	安全技术及工程标准	机械安全标准、电气安全标准、防爆安全标准、爆破安全标准、储运安全标准、建筑安全标准
	职业卫生标准	作业场所有害因素分类分级标准、作业环境评价及分类标准、防尘标准、噪声与振动控制标准

第二节　矿山安全的监管体制

　　强有力的监督管理措施是安全生产保障的重要措施之一，也是国家安全生产法制得以落实的基本手段，否则，所颁布的安全生产法规将仅仅是一纸空文。根据《安全生产法》的规定，我国现阶段实行的国家安全生产监管体制是：国家安全生产综合监管与各级政府有关职能部门专项监管相结合的体制。安全生产的综合监管部门是国家安全生产监督管理局，专项监管的部门有公安部的消防局负责消防安全，公安部交通管理局负责机动车辆监管，煤矿安全生产监察局负责煤矿安全监察，交通部海事局负责船舶水上交通运输安全监管，质量技术监督局负责特种设备的安全监管。国家的安全生产有关部门合理分工、相互协调，构成了我国安全生产监管体系。这种监管体制表明我国《安全生产法》的执法主体是国家安全生产综合管理部门和相应的专门监管部门两大执法系统。我国的监管机构及其机构职责如下。

一、国务院安全生产委员会

　　国务院于 2001 年 3 月 17 日成立了国务院安全生产委员会。国务院安全生产委员会由国家安全生产监督管理局、监察部、国家发改委、中华全国总工会、劳动保障部等 30 余个部委的主要负责人组成。国务院安全生产委员会的主要职责是：

　　（1）定期分析全国安全生产形势，部署和组织国务院有关部门贯彻落实党中央、国务院关于安全生产的方针、政策。

　　（2）研究、协调和解决安全生产中的重大问题。

　　（3）协调解放军总参谋部和武警总部迅速调集部队参加特别重大事故应急救援工作。

　　（4）完成国务院领导同志交办事项，以及其他有关安全生产的重大事项。

　　国务院安全生产委员会在国家安全生产监督管理局（国家煤

矿安全监察局)设立办公室,作为安委会的工作机构。

二、国家安全生产监督管理局(国家煤矿安全监察局)

2001年3月,我国成立了国家安全生产监督管理局(国家煤矿安全监察局)。2003年10月根据第十届全国人民代表大会第一次会议批准的国务院机构改革方案和《国务院关于机构设置的通知》(国发〔2003〕8号),中央机构编制委员会办公室印发了《关于国家安全生产监督管理局(国家煤矿安全监察局)主要职责内设机构和人员编制调整意见的通知》(中央编办发〔2003〕15号)。《通知》将国家安全生产监督管理局(国家煤矿安全监察局)定位为国务院主管安全生产综合监督管理和煤矿安全监察的直属机构。

国家安全生产监督管理局与国家煤矿安全监察局一个机构、两块牌子,涉及煤矿安全监察方面的工作,以国家煤矿安全监察局的名义实施。

国家安全生产监督管理局(国家煤矿安全监察局)内设职能机构11个,如图5-2所示。

国家安全生产监督管理局(国家煤矿安全监察局)的主要职责为:

承担国务院安全生产委员会办公室的日常工作;综合管理全国安全生产工作;依法行使国家安全生产综

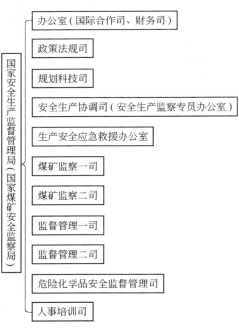

图5-2 国家安全生产监督管理局
(国家煤矿安全监察局)内设职能机构

70

合监督管理职权；依法行使国家煤矿安全监察职权；负责发布全国安全生产信息，协调重大、特大和特别重大事故的调查处理工作，组织、指挥和协调安全生产应急救援工作；负责综合监督管理危险化学品和烟花爆竹安全生产工作；指导、协调全国安全生产检测检验工作；组织、指导全国安全生产宣传教育工作等。

第三节　我国矿山安全的监管机制

一、监管机制的五个层面

我国的安全生产的主管部门（国家安全生产监督管理局）站在战略的高度，提出了建立安全生产长效机制的设想，从五个层面着手，努力构建"政府统一领导、部门依法监管、企业全面负责、群众参与监督、社会监督支持"的安全生产工作新格局。五个层面缺一不可，各有职责，各有特点。它们是相互联系、相互促进、相辅相成共同构成市场经济条件下矿山安全生产工作的监督体系。具体监管机制如图 5-3 所示。

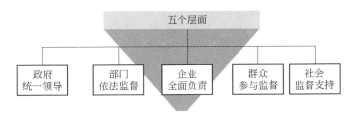

图 5-3　我国矿山安全的监管机制

（一）政府统一领导

安全生产工作必须在国务院和地方各级人民政府的领导下，依据国家安全生产法律法规，做到统一的要求。任何生产经营单位，政府对安全生产的要求都是相同的，都必须保障安全生产的技术和物质条件符合安全生产的要求。政府要建立健全安全监管体系和安全生产法律法规体系,把安全生产纳入经济发展规划和指标考核体系,形成强有力的安全生产工作,组织领导和协调管理机制。

(二)部门依法监管

各级安全生产监管部门和相关部门,要依法履行综合监督管理和专项监督管理的职责。依法加大行政执法力度,加强执法监督。政府有关部门要在各自的职责范围内,对有关安全生产工作依法实施监督管理。特别是在当前大部分专业机构部委撤销、政企脱钩,国有大中型企业普遍下放地方的新形势下,行业安全管理已不再适应新市场经济条件的要求,这就要求安全生产的监督管理社会功能处于核心地位,并且发挥重要的作用。

(三)企业全面负责

生产经营单位要依法做好方方面面的工作,切实保证本单位的安全生产。各类企业(包括经营单位)要建立健全安全生产责任制和各项规章制度,依法保障所需的安全投入,加强管理,做好基础工作,形成自我约束、不断完善的安全生产工作机制。

(四)群众参与监督

工会组织和全社会形成"关爱生命、关注安全"的社会舆论氛围,形成社会舆论监督、工会群众监督的机制。

(五)社会监督支持

重视发挥社会中介组织的作用,为安全生产提供技术支持和服务。

这五个层面的安全生产监管机制缺一不可,不能互相替代,各有各的职责,各有各的特点。它们是相互联系、相互促进、相辅相成的,它们是统一的、有机的整体,它们之间必须统筹协调,形成合力,总体推进,形成市场经济条件下安全生产工作的监督体系,使安全生产的监督管理更加规范。

二、安全生产监督管理的基本原则

安全生产监督管理的基本原则如下:

（1）坚持"有法必依、执法必严、违法必究"的原则。有法必依，包括执行和遵守两个方面。首先表现在安全生产监督机构和人员在工作中要严格遵守法律，依法办事。对司法机关来说，就是审理案件时必须依照以事实为依据、以法律为准绳的原则。对用人单位和劳动者来说，就是必须严格遵守安全生产法律、法规和制度。

执法必严，就是指执法机关和执法人员都必须严格地依照法律规定办事，维护法律的尊严和权威。对司法机关来说，就是在审理案件中，在定罪量刑、刑罚轻重等方面，都必须严格依照法律的规定办事。执法必严的另一层意思是不受其他行政机关、团体或个人对判定活动的非法干涉。

违法必究，就是对一切违法犯罪行为都必须认真调查，依法惩处。任何人都不得凌驾于法律之上或超越于法律之外，谁也不能享受法律规定以外的特权。坚持违法必究、法律面前人人平等，是一项重要的社会主义法制原则。只有严格地执行这一原则，才能有效地保证社会主义法制的统一性和严肃性。

（2）坚持以事实为依据，以法律为准绳的原则。违法事实是进行处理或处罚的客观依据。在对检查或举报的案例进行监督和执法时，必须深入调查、收集可靠证据，查清事实。实事求是地查明、核对违法事实，使认定的违法事实有充分的证据，经得起历史的检验。

（3）坚持行为监督与技术监督相结合的原则。监督工作不仅要实施行为监督，还要实施技术监督，就是凭借技术手段，深入监督检查生产工艺过程、设备、原材料和劳动环境的安全状况及其防护技术条件。只有把行为监督和技术监督结合起来，突出行为监督的作用，才能在科学技术不断进步的条件下，通过法制手段，有效地实现国家安全监督的目的。

（4）坚持监督与服务相结合的原则。安全监管机构既要严肃认真地进行监督检查，及时提出强化预防措施的要求，揭露和纠正缺陷和偏差，又要满腔热情地帮助企业进行宣传教育和技术培训，提供相关信息和科技情报,指导和帮助企业做好安全生产工作,以实现安全和生产的统一。

(5)坚持教育与惩罚相结合的原则。教育与惩罚相结合就是处罚不仅是惩治违法的武器,同时也起着教育的作用。通过对违法责任的惩罚,达到教育别人以及当事人的目的。

三、安全生产监督管理的运作机制

(一)安全生产监督管理的基本流程

安全生产监督管理的基本流程为:

(1)监督准备。指对监督对象和任务进行的初步调查了解,是监督过程的开始。监督准备包括:确定检查对象,查阅有关法规和标准;了解检查对象的工艺流程、生产和安全情况;制定检查计划;安排检查内容、方法、步骤;编写安全检查表或检查提纲,挑选和训练检查人员等。

(2)听取汇报。深入被监督企业,听取企业领导对执行国家安全生产法规标准的情况和存在的问题,以及改进措施的汇报。

(3)现场调查。实地了解作业状况,包括生产工艺、技术装备、防护措施、原材料等方面存在的问题。同时,采访工人并听取职工意见和建议,尤其是安全管理和改善劳动条件方面的问题和建议。

(4)提出意见或建议。向企业负责人或有关人员通报检查情况,指出存在问题,提出整改意见和建议,指定完成期限。

(5)发出《安全生产监督指令书》或《安全生产监督处罚决定书》。根据监督情况,把监督指令书下达给企业执行,限期整改。情节严重的,发出处罚决定书。《安全生产监督指令书》是监督机构责成有关单位在规定的时间内,改进或纠正劳动保护、安全生产方面存在问题的指令性书面通知书。《安全生产监督指令书》包括两方面的内容:有关单位在安全生产方面存在的问题;为确保职工的安全、健康和生产的正常进行,提出限期整改的要求。企业接到《安全生产监督指令书》后,逾期不作改进的,监管机构应该按有关规定发给《安全生产监督处罚决定书》,并给予相应的经济处罚。

《安全生产监督处罚决定书》是一项经济制裁措施，是教育有关企业或领导干部加强安全管理，保障职工劳动中的安全和健康的一种辅助手段。

（二）安全生产的监督方式

安全生产监督分为行为监督与技术监督两种方式。

行为监督包括组织管理、规章制度建设、职工教育培训、各级安全生产责任制的实施等。行为监督的目的和作用在于提高安全意识。在工作中切实落实安全措施，对违章指挥、违章操作、违反劳动纪律的不安全行为，要严肃纠正和处理。据调查，因违章的不安全行为所造成的事故大约占事故总数的80％以上。

技术监督是对物质条件的监督，包括对新建、扩建、改建和技术改造工程项目的"三同时"监督；对用人单位现有防护措施与设施的完好率、使用率的监督；对个人防护用品的质量、配备与作用的监督；对危险性较大的设备、危害性较严重的作业场所和特种工种作业的监督等。技术监督的特点是专业性强、技术要求高，常常需要专门的检测机构提供数据。技术监督多是从"本质安全"上着手，是监督的重要内容。

从专业监督的角度划分，国家安全监督的种类有一般监督、专门监督和事故监督，参见表5-2。

表5-2 安全监督的专业分类

一般监督	（1）不定期的组织监督执法行动
	（2）按照安全考核标准进行系统的检查和评定
	（3）根据举报进行监督活动
专门监督	（1）对生产性建设项目的监督
	（2）对特种设备的监察
	（3）对劳动防护用品的监察
	（4）对特种作业人员的监督
	（5）对严重有害作业场所的监督
	（6）对职业健康的监护
事故监督	对伤亡事故、职业性中毒的报告、登记、统计及调查进行处理的监督

（三）矿山安全监察

矿山安全监察是为了保障矿山职工在生产中的安全和健康，保护国家资源和人民生命财产不受损失而采取的矿山安全管理法规、安全监督制度和矿山开采、爆破、提升运输、电气安全、通风防尘、防水、防火等各种技术措施的总称。根据《矿山安全监察条例》，矿山安全监察机构的主要职权是：

（1）宣传安全生产方针和劳动保护的政策、法规，监督《矿山安全条例》的贯彻执行。

（2）督促矿山企业开展安全教育和技术培训工作。

（3）参加矿山设计审查和矿山工程竣工验收，参加矿山安全科研成果和有关新技术的鉴定。

（4）检查矿山企业安全技术措施，工程的完成情况和安全技术措施经费的使用情况；

（5）检查矿山安全工作，对违反《矿山安全条例》和危害职工安全健康的情况提出处理意见，必要时，可向有关矿山企业、事业单位或其主管部门发出《矿山安全监察意见通知书》，要求他们限期改正或限期解决；

（6）参加矿山事故调查，监督事故的处理；

（7）对严重违反《矿山安全条例》的矿山企业和有关工作人员，有权处以罚款；

（8）对严重违反《矿山安全条例》的矿山企业及其主管部门的责任人和领导人，有权提请上级领导机关给予行政处分，或者提请司法机关依法惩处；

（9）对不具备安全基本条件的矿山企业，有权提请有关部门令其停产整顿或者予以封闭。

矿山安全监察的监督形式有三种：国家监督、矿山内部监督和群众监督。

矿山安全监察的一般内容包括：矿山开采的一般监察；爆破作业监察；提升与运输的安全监察；井下电气设备监察。

四、监管队伍建设

为保证国家有关安全生产法律、法规及标准的贯彻执行,各级人民政府都设立了综合管理安全生产的机构,并行使国家监督职权;各有关部门、各级工会组织和多数企业也有管理安全生产的职能部门。据不完全统计,在我国长期推行的安全生产国家监督机制下,经国家认可的国家安全生产综合管理部门的安全监督人员有近万人。各有关部门和工会组织的安全管理人员有 2 万人左右。这就为有效防止伤亡事故和减少职业危害提供了基本保障。

另外,各级监管机构还在继续加强监管队伍思想政治建设和行政执法培训,加强监管队伍对法律法规的学习,提高行政执法队伍的素质。同时,建立监察执法报告制度,建立工作绩效考核制度,形成有效的约束和激励机制。

第四节　我国矿山安全监管环境
存在的不足与问题

总体看,我国已经建立起相对完善的矿山安全监管体系,但是在执法和运行机制方面仍然存在一定的不足,煤矿安全生产执法环境有待改善。突出表现在:煤矿安全生产法律法规体系不健全,与《安全生产法》、《矿山安全法》、《煤炭法》、《职业病防治法》相配套的法规有待完善,煤矿安全生产法规执行不严、落实不力;安全生产法规体系适用性和可操作性有待提高,安全生产法制观念有待加强。与一些主要产煤国家相比,我国的煤矿安全生产监管力度不强;安全生产的执法部门多,关系需要理顺,执法与管理职能需要协调;综合安全监管缺乏足够的执法权威;对中小煤矿企业安全监督管理不到位;安全生产监察力量薄弱;安全监察缺乏有效的技术保障手段等。

具体而言,主要有以下几个方面:

(1) 执法单位与生产管理界限不清。国家监察是国家对企业安全生产进行监督和检查,用法律强制推动安全生产法律、法规和政策的实施,查处和追究事故的原因和主要责任人,依法行政,维护安全生产的严肃性和劳动者的合法权益。目前,矿山安全监察体制虽然已建立,但体制尚未理顺,执法渠道还不畅通。有些省市自治区将煤矿监察机构和煤矿生产管理机构合并,两块牌子一套人马,执法人员与生产管理人员交叉混杂,关系很难理顺,直接影响了执法渠道的畅通和执法力度。

(2) 执法不严。矿山监管执法人员与生产管理人员交叉,在追查责任及其连带人员时,不少环节都将涉及执法人员甚至其领导。人情关系、同事关系、领导关系、朋友亲属关系等盘根错节的关系网使正确执法、严格执法很难实现,严重影响监察形象和监察效果,削弱了煤矿安全监察的权威性、公正性和客观性,甚至出现有法不依,执法不严,营私舞弊等现象。

(3) 监察队伍整体素质有待提高。当前我国监察队伍整体状况还不甚理想,队伍整体业务素质不齐,专业门类不全,有的人员是从各行业抽调出来补充到安全监察机关的,不懂安全生产管理,只是经过短期的安全知识培训,安全知识业务功底差,遇到安全隐患缺乏应变和处理能力。安全监察执法水平不到位,人员数量不足,办公条件、工作条件、交通条件、生活条件、执法环境等都不甚理想。执法的权威性有待进一步提高,安全防范效果有待进一步加强。

(4) 安全监察滞后。在监管实际中,往往是在矿山发生事故后,安全监察部门赶赴现场,追查事故原因,处理当事人的有关责任,通报事故情况,开展安全大检查,查找存在的安全隐患。这些工作固然需要,但从源头上查找原因,建立本质安全,防患于未然,把事故隐患消灭在萌芽状态做得不够,致使安全监察局成了事故调查局、事故处理局。

(5) 监管的权威性受到干扰。由于地方保护主义和经济利益的驱使,一些地方政府官员干预办矿,阻挠监察部门执法,私自给不具备生产条件的非法小煤矿非法生产开绿灯,直接影响了监管部门的权威性。

(6) 矿山安全生产的运行机制与市场经济体制不相适应。虽然我们有了强有力的国家矿山安全监察体制,但政府监管体系不完善,中介技术服务水平较低,社会监督作用较小。

(7) 对矿山的职业安全健康关注不够。我国作为发展中国家,由于经济基础差,科学技术水平低,安全生产管理落后及法制监察力度不够,以及职工工资、劳动保护、工作环境和社会福利及矿工的职业安全健康等方面,与发达国家相比还有相当大的差距。

第五节　完善矿山安全外部监管体系的措施建议

一、完善法治建设,强化执法力度

建国以来,特别是改革开放以来,我国颁布了一系列有关职业安全卫生方面的法律、法规、规章和标准,并发挥了重要作用。在矿山安全生产中,必须进一步加强有关安全生产法律和贯彻执行法规的建设。坚持有法可依,有法必依,违法必究,执法必严,是搞好安全生产工作的要求。从实际情况来看,当前的突出问题不是没有法,而是有法不依,执法不严,已有的安全生产法律、法规没有完全落到实处。当前,在法制建设方面需要加强的环节有:

(1) 完善安全生产法规体系,制订并修改安全生产法规与规章。近期,需要迫切出台的法律制度有《事故报告和调查处理条例》、《安全事故应急救援条例》等,尽快完善法律法规体系。同时,更为关键的是要依据形势需要适时调整和修正相关法律法规,如对《煤炭法》、《矿山安全法》等部分在计划经济体制下制定的以及《危险化学品安全管理条例》等不适应实际需要的法律、法规要尽快修改。

(2) 强化执法力度。关键是要严格责任制,综合运用经济手段、行政手段和法律手段,严惩事故直接责任者。当前条件下,加大执法力度的一条有效途径是实施联合执法,依靠地方政府以及公检法、纪检、监察机关等联合执法,充分发挥行政资源的合力。

（3）将查处腐败作为一项长期工作来抓。

（4）提高监管人员的业务和执法水平。安全监察人员应不断提高自己的业务水平和执法水平,努力学习专业知识,提高实践工作能力。定期或不定期的参加专业知识培训,不断更新知识,了解专业发展动向和前沿动态。努力学习法律知识,提高执法水平,监察工作做到公正、公平、公开、为公,杜绝执法过程中的各种干扰,维护安全监察的权威性。

（5）加强安全法规培训与宣传,提高法治水平;

（6）加强安全生产执法检查监管,提高安全执法监督覆盖率。

二、进一步健全矿山安全监管体制

我国现行的"企业负责,行业管理,国家监察,群众监督"的安全监察的管理体制是符合企业安全管理客观要求的,并在安全生产中发挥了十分重要的作用。当前应在加强国家对煤矿的安全监察力量上下功夫,调整充实煤矿安全监察人员,建立独立的权威的安全监察机构。矿山安全监察是代表国家行使执法的机构,应该具有独立的设置,具有权威性。它代表国家对矿山安全生产实行监督、检查和监察,制止违法开采,监督安全生产法的实施,保护生产者的生存权、劳动保护权。它与生产单位和生产管理单位是监督与被监督关系,是执法者与执法对象的关系。应将两者分开,各自独立开展工作,互相监督,共同促进,以便实现有效监察。

同时也应不断适应经济、市场的新变化,实时创新和调整国家安全生产运行机制,建立符合市场经济需要的监管体制。进一步改革的方向有:

（1）提高国家监管层次、优化国家监察职能,加强监察力度,理顺政府监管关系。

（2）学习国际先进模式,建立"政府监管与指导、企业负责与保障;员工权益与自律、社会监督与参与、中介服务与支持"的"五方结构"管理机制。

（3）实施国家安全生产综合监管和专项监察相结合,各级职能部门合理分工、相互协调的机制;实现企业负责与保障,企业全面落实生产过程安全保障的"事故防范机制",严格遵守《安全生产法》、《煤炭法》、《煤矿安全规程》等安全生产法规要求,落实安全生产保障。

（4）重视职业安全健康监察,维护员工权益,从业人员依法获得安全与健康权益保障,同时实现生产过程安全作业的"自我约束机制"。

（5）推进社会监督与参与,建立工会、媒体、社区和公民广泛参与监督的"社会监督机制"。

（6）完善中介支持与服务,与市场经济体制相适应,建立国家认证、社会咨询、第三方审核、技术服务、安全评价等功能的"中介支持与服务机制"。

三、依法加强安全监察

依法行政和依法监察是市场经济条件下安全生产管理的主要方式。安全生产的法律、法规是安全生产的准绳。依法加强安全监察主要体现在以下几个方面:

（1）加强安全生产执法。各级安全生产监察部门必须健全执法、监察体系,增强行政执法意识,以法律为准绳,依法行政、依法监察,排除干扰,严肃法纪,树立国家监察部门的权威性,加大对违法、违规行为的惩治力度,加大对违章指挥、违章作业的惩戒、惩罚,维护安全生产正常秩序。必须严格执行《国务院关于特大安全事故行政责任追究的规定》,对造成特大事故的责任人给予严肃处治,依法追究行政和法律责任。

（2）强化生产科学制度。对矿山全面实行安全准入制度,生产许可证、安全许可证、矿长资格证、生产经营准入等制度,进一步规范采矿秩序。实现矿山安全管理与国际先进的安全管理并轨,从而确保安全生产。整顿矿山生产秩序,促进乡镇依法办矿。对小矿要给予技术上的帮助和指导,监督其合法开采。力争通过整顿,努力减少和消除隐患,使矿山安全生产条件得到明显的好转和改善。

(3)层层落实安全责任。对于政府来说,就是行政首长负责制,省、市、县、乡镇主要负责人是第一责任者;对企业来说,是法定代表人负责制。首先要严格贯彻党的方针政策、法律法规,结合本地方、本行业、本企业的特点,做到矿山生产安全第一、预防为主、综合治理。其次,要层层落实政绩、业绩考核,省里要落实到地、县、乡;企业要落实到车间、矿井、班组。严格考核,建立层层责任制体系。再次,要在地方的企业的发展规划中全面体现安全管理要求。最后,要集中力量实施专项治理,消除安全的重大隐患和薄弱环节。

(4)政府要实行对矿山企业的综合监察。行业管理部门、安全监管监察机构,还有国有资产监管部门都要依法对企业实施监管,严格执法检查,履行日常和定期重点的、专项的监察。主管部门要加强对企业和企业领导班子的考核。特别是要加强对“第一责任人”履职尽职情况的考核,安全生产应作为总体指标。指导督促各类企业建立健全以第一责任人为中枢的安全责任体系。严格煤矿等高危行业各类企业主要负责人的安全资质管理,煤矿矿长等必须持证上岗,督促他们下井带班。要严格事故责任追究,加重直接责任者的责任,对违法违规的职业经理人要依法吊销他们的资质。

(5)矿务局应建立垂直管理的专职安全监察队伍,派驻各矿。专职安全监察人员隶属矿务局领导,不受矿方管辖,工资待遇由矿务局发放。专职安全监察人员都应经过专业培训,取得合格证才能上岗。专职安全监察人员有权对矿上生产实施安全一票否决。

(6)社会要有强有力的舆论监督。要充分利用市场、舆论、社会的评价,实施对企业强有力的监督,促使企业和经营者重视安全;对违法违规,忽视安全甚至导致重特大事故的要揭露、曝光,定期公布不具备安全生产条件企业的名单,使不法企业和企业的不法行为无藏身之处。

（7）不断提高监管装备水平。国家应加大对安全监察的装备力度，使安全监察手段现代化。用最先进的仪器仪表及设备、交通工具、通讯手段武装监察队伍，使监察工作反应迅速、行动快捷、及时准确、高效多能。注意解决工作环境、生活环境及相关问题，不断提高安全监察人员的生活待遇，解决安全监察人员的后顾之忧，始终使安全监察队伍保持精干、旺盛的战斗力。

四、构建矿山安全生产的多防线保障

目前，监察机关不能只限于事故后追查事故原因、追究责任，应改变观念，树立预防为主、防范为主、消除隐患、杜绝事故。监察部门应经常性地、不定期地、随机性地深入煤矿企业，进行安全检查。具体检查的内容有：安全管理体制是否健全；规程、措施、制度是否完善；安全责任制是否落实；安全监测系统和设备是否正常运行；"一通三防"是否完善畅通；安全培训是否到位；工人安全防范自我保护意识是否树立；出现问题是否及时得以解决等。

提高煤矿安全生产保障水平，构建政府、企业及社会的三道安全防线，具体有：

（1）政府层面：实施"监管—协调—服务"三位一体的行政执法系统；建立健全安全生产的六大综合支撑体系；建立国家相关职能部门的"监管协调制度"；推行下级政府安全生产年度报告制度；推行政府领导安全生产述职制度；公布省市安全生产状况排行榜；国家将安全生产指标纳入社会发展指标体系；对政府施行"安全生产管理评估标准"；在高危险行业推行特殊、优惠、补助安全投入激励政策。

（2）煤矿企业层面：结合建立现代企业制度推行职业安全健康管理体系；推行安全生产许可制度；促进企业安全生产自律机制；建立职工群众安全生产维权机制。

（3）社会层面：提高社会中介技术支持与服务能力，构筑社会综合安全事故防线。

五、全面体现安全监管的服务职能

安全监察机构应认真检查、协助企业落实安全责任制制度。企业要严格实行安全逐级负责制,明确各级的安全责任,责任落实到人。矿长是安全责任制的第一责任人,矿长、总工程师、安全总工程师、安全科长、安全检查员、区队长、安全区队长、安全员都应有明确、严格的职责范围,应各司其责,分工明确。每个人的职责、权限及上下级的关系,都应有明文规定。

充分发挥安全科学技术研究单位的作用。大力支持开展安全技术服务研究的部门单位,政府安全监督管理部门可以委托其开展宣传、培训教育、特种设备检测检验和信息服务工作,通过各种方式推动社会民众安全生产意识。同时积极发挥劳动安全专家的作用,在"预防为主"的思想前提下,劳动安全专家对各级组织的负责人提供及时的咨询和建议。

六、实行积极的政策支持与财税扶持政策

实施、落实矿山企业安全费用的提取和使用,实行专款专用,用于隐患治理上,全面实行安全风险抵押金制度。矿山企业预存一笔风险抵押金放在银行,专款专存,用于事故发生后的抢险救灾;依法提高事故死亡人员的赔偿标准。

推动矿产资源税的改革,实行以储量为基数和回采率挂钩的矿产资源税费。

提供一定的经济支持,减轻国有矿山负担。国家可拿出一定的资金专项用于国营矿山的安全欠账;通过政策扶持,积极推动大矿兼并小矿,加快落后矿山企业的淘汰工作,对现有矿山资源进行资源整合;为矿山企业创造一个公平竞争环境。建立合理的煤炭价格形成机制,稳定进出口政策。

充分利用各类保险手段,建立重大事故保险体系。根据不同行业、企业的危险程度、事故的概率、安全生产管理水平与业绩,实行差别费率和浮动费率制度;根据国内有关试点地区的经验,并学

习和借鉴国外做法,以省(区、市)或地级市为单位,把一定比例的工伤社会保险资金,由本地区安全生产主管部门负责,用于安全生产宣传教育和培训等工作;真正建立起强制性的、覆盖全社会的、赔偿、康复和事故预防相结合的社会主义市场经济的工伤保险机制。在推行工伤社会保险制度的同时,引入国外的商业保险模式,在职业伤害、职业健康、财产损失、事故风险等方面,推行多类种、多模式的商业保险措施,试验安全责任险、意外事故险等。建立全方位、多角度、立体式的安全生产和职业健康保险体系。

七、建立省、市、县、矿的四级预警及救援机制

加快生产安全应急救援体系建设,拨专款用于省、市、县、矿四级瓦斯监控系统建设,建立省、市、县、矿四级煤矿生产安全应急救援指挥中心,增强生产安全事故的抢险救援能力。

第六章 矿山企业安全管理体系的构建

目前,随着我国矿山安全监管力度的加大,生产安全成为我国矿山企业的头等大事。本章基于对外部监管环境的全面分析,结合对国际矿山企业安全管理先进经验的总结,以及对矿山安全管理理论全面的分析,在明确我国矿山企业建立矿山企业安全管理体系重要性和紧迫性的基础上,给出矿山企业构建安全生产管理体系的总体思路。

第一节 矿山企业安全管理的战略选择

一、传统的矿山企业安全管理模式难以适应现代安全管理要求

当前,我国传统的矿山企业安全管理方法与现代安全管理的要求存在较大差距,难以适应现代安全管理的需要。

管理方法上具有局限性、事后性和表面性。当前的矿山企业安全管理方法基本上是纵向分科、单向业务保安、事后追查处理的管理方式,侧重操作者责任安全,与生产脱节,凭经验和感觉处理安全问题,从宏观方面查找危险因素,其特点主要是依靠方针、政策、法规、制度,凭经验,靠强制人管人,工作以"事后"为主。这种管理方法虽能总结事故教训,防止同类事故重复发生,促进安全生产,但有其本质局限性。

在实践中弱化了"安全第一"的指导思想。在实际操作中,人为将安全管理与生产经营割裂开,将安全管理作为一个附属职能而存在,是为了生产才要安全。对应的,由于没有行之有效的模式将"安全第一"的理念贯彻于生产经营的所有环节,员工对质量标准、安全规定、作业规程要求不清晰,对经济利益的追求超过了对

安全的重视。在生产实践中,就容易发生在没有安全保障的条件下进行生产等情况,导致发生重大事故。

要素管理模式的传统安全管理方法缺乏系统性。实际上,任何安全问题都不是孤立发生的,矿山企业任何一个环节的疏漏都或多或少会造成安全管理的缺陷。当前,矿山企业的安全管理重点是抓好已发生事故的统计分析,即事物本身为重点作为安全管理的对象,这种靠经验直观地判断事故本身来采取预防措施,具有很大的片面性和盲目性。

传统安全管理方法仍停留在事后追查——事故分析阶段。当前在矿山生产执行层、管理层中仍存在"干矿山事故难免"的错误认识,工人也认为遇到偶然性事故是难免的,等到事故发生之后,才对事故加以分析,制定措施,但是已经造成了巨大的损失,其局限性也是显而易见的。

传统安全管理方法忽视了人作为主导地位的关键因素,是一种被动的事故管理模式。在矿山安全生产中,人、机、环、法是四个主要因素,其中环境与条件是客观因素,而人是决定的因素,法规、规程的贯彻与实施靠人,设备的操作使用靠人,生产管理也靠人。在矿山生产过程中,"三违"现象往往屡禁不止,各种伤亡事故、非伤亡事故不断发生,恶性重大事故也没有从根本上得到遏制,究其原因,很多都是属于职工安全意识淡薄,对事物不做过多过细的分析所致。

二、安全管理科学对矿山企业安全管理提出的新要求

(一)管理方法从事后控制向全过程预防转变

现代安全管理方法是把系统科学引入安全工作领域,从性能、经费、时间等整体出发,针对系统生命周期的所有阶段,实施综合性安全分析、评价、预测可能性的事故,采取措施,以获得最佳的安全生产综合指标。其主要特点是在传统安全管理的基础上,注重安全管理的系列化、整体化、横向综合化,重点运用现代新科技和系统工程原理、方法,从危险源的识别入手,通过对系统本身的分

析、预测、评价去认识问题,从而采取相应措施,消除控制危险因素,使系统优化,达到最佳安全程度。

(二)安全管理从附属地位向"安全第一"转变

现代安全管理强调"安全指导生产,安全第一",它要求一切经济部门必须高度重视安全,把"安全第一"作为本企业一切工作的指导思想和每个人的行为准则,树立了"安全第一"的思想意味着必须把安全生产作为衡量企业好坏的一项基本的内容指标,并具有否决权。

(三)现代安全管理强调"关口前移",实现事前防范

从系统工程的观点分析,事故的发生均取决于人的不安全行为、物的不安全状态以及环境和管理这四个因素的制约。据此可以进行安全预测预控,即依据历史资料和调研资料对事故隐患进行事先分析估计,确定事故发生之前的潜在危险,对危险性因素进行定性和定量分析评价,制定消除或控制危险的管理措施,全面加强设备检查制度、确保安全运行制度、强化生产技术管理制度等来实现安全生产,把工作关口前移,努力实现安全生产工作由事后处理向事前预防的转变,促使矿山生产实现本质安全。

(四)树立"以人为本"的安全管理观念

现代安全管理追求"本质安全化—主动的条件管理—治本之道",将人视为安全工作中关键所在。安全工作最根本的任务是激发每一个人的主观意识,唤起人内在的安全意识,促使企业内所从事劳动的人员应具有熟练的劳动技能,能严格遵守操作规程及制度,有强烈的自我安全思想意识,在突发事件中有应变自救能力,能出色完成本职任务。这种思想要求把培养"自控人"工作和企业标准化工作结合起来,在企业内部加强人的行为和安全意识的标准化工作。用以保证安全目标的实现。除了提高人的素质之外,系统管理方法还要求能够积极主动地进行安全投入,以科技手段促进安全,改善工作环境,为安全生产创造良好的客观条件;要求正确处理好投入与安全、生产与效益、当前与长远的关系,要求对安全技术项目,要以计划、资金、技术方

案、组织措施等各方面予以落实,使其真正发挥作用,提高矿井的抗灾能力。

（五）现代安全管理的工作重点在于事先预测

随着科技的发展和社会的进步,对安全问题提出越来越高的要求。为了保证安全生产,事先了解与控制可能导致事故发生的危险因素是关键一环。这就要求我们要对可能发生的事故或已经发生的事故进行科学地、系统地分析和评价,采取预防措施,杜绝事故的发生或把事故的发生控制在最低限度。

三、职业健康安全管理体系的启示

职业健康安全管理体系（OHSMS）作为 20 世纪 80 年代后期在国际上兴起的现代安全生产管理模式,它与 ISO9000 和 ISO14000 等标准规定的管理体系一并被称为后工业化时代的管理方法,该体系对于构建矿山安全管理体系的启示在于:

（1）矿山企业要对与安全生产及职业健康安全有关活动实施全过程控制,并且实行文件化、程序化的管理;

（2）安全管理必须建立在文件化、制度化体系的基础上,必须严格按文件化、制度化要求执行,做到"行所言,言所行";

（3）强调预防思想;

（4）管理的重点在于对危害与安全隐患的辨识、评价与控制,以实现对事故的预防和生产作业的全过程控制,做到对各种预知风险因素事先控制,对各种潜在事故制定应急程序;

（5）实现安全管理水平的自我提高、持续改进。在安全方针指导下,周而复始地进行体系所要求的"计划、实施与运行、检查和纠正措施、管理评审",并随着科技水平的提高,职业健康安全法律、法规及各项相关标准的完善,组织管理者及全员的意识的提高,达到持续改进的目的。

四、国际矿山安全管理的经验借鉴

在政府矿山安全法律法规的指导下,各国矿山企业普遍构建了以安全管理规章制度为基础的安全管理体系。总体看有以下一些有益的经验：

（1）安全管理实行三方协调制，一是强调生产管理人员必须服从"安全第一"的原则；二是行政方面设置不属于生产系统的专职安全监察员；三是由工会代表矿山工人利益参与安全管理。

（2）责任明确的生产安全管理组织构建。矿山各级管理人员都是其部门的安全管理第一人，如一个矿的工长有区域的绝对控制权，他可以决定是否允许工人进入指定的工作地点。矿内分工工长负责井下工作面的安全检查，包括瓦斯浓度、顶板条件等。对于各类人员的安全责任明确到位。

（3）设立矿山安全监督员制度，全面落实矿山企业的安全管理。专职安全监察人员实行定期检查和不定期检查相结合的方式，每一个工作地点每班都有专职人员检查。检查人员拥有相对独立的处罚权力，对一般违章行为进行批评；对严重违章行为，可给予停工教育、停发工资等处罚。

（4）建立潜在事故报告制度。即鼓励工人和技术人员寻找事故隐患，对新引进的设备、新的生产工艺、新的工作地点、新的工作环境都要进行风险评估，寻找可能引发事故的因素，并针对这些潜在事故因素提出防范措施。

（5）充分发挥官方、资方、劳方三方管理机制的作用。矿业权者对矿山安全生产工作全面负责，确保安全生产所需的设备、经费及人员。企业生产经营过程中的安全工作由矿场负责人负责。矿场安全主管在矿场负责人领导下，具体负责日常安全管理工作。而且，各企业普遍成立了由矿场生产、安全管理人员和作业人员代表或工会代表组成的矿场安全委员会，共同商议、协调解决矿场安全生产工作中的有关问题。

（6）高度重视从业人员的安全健康教育与培训。各国普遍高度重视安全培训工作，认为这是保证矿工自身的安全和健康的关键所在，也是确保矿山安全生产的根本保障。

（7）致力于培育以人为本的矿山安全文化。以人为本、全面预防的理念在大部分国家矿山从业人员实际工作中落实得较好，"安全无小事"正成为矿山从业人员的共识。同时大部分矿山还专门设置危机管理，基本建立了矿山救护队伍。

五、矿山企业安全管理的战略选择

如图 6-1 所示，基于我国传统矿山安全管理防范存在的问题，以现代管理科学的基本思想和成熟的职业健康管理体系为指导，参照国际先进矿山企业管理的经验，在我国矿山安全监管的直接要求下，全方位构建矿山企业安全管理体系，是实现矿山长治久安，持续提升安全管理水平的根本所在。

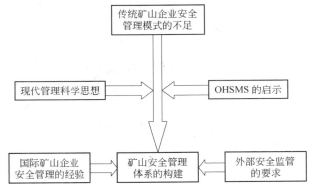

图 6-1　我国矿山企业安全管理体系的战略选择

矿山安全管理体系建设是矿山企业管理的一部分，二者密切联系，互相影响，互相促进。矿山安全管理对矿山企业的生产、技术、设备和人事管理提出了更高的要求，从而推动了矿山企业管理的改善和全面工作的进步。而矿山企业管理系统的改善和全面工作的进步反过来又为改进矿山安全管理创造了条件，促进矿山安全管理水平不断得到提高。

当前，推进我国矿山企业的安全管理体系建设更具有以下现实意义：

（1）是有效防止矿山灾害事故发生的根本对策。造成矿山灾害事故的直接原因概括起来不外乎人的不安全行为和矿山生产作业环境的不安全状态,而这些直接原因的更深层次的本质原因,仍然是矿山安全管理体系建设不完善所导致的原因。为了防止矿山灾害事故的发生,最大限度地保护矿工的生命健康、安全,归根到底应从改进矿山安全管理体系做起。

（2）是贯彻落实"安全第一,预防为主"方针的基本保证。"安全第一,预防为主"是我国安全工作的指导方针,是多年来做好劳动保护工作,实现安全生产的实践经验的科学总结。为了贯彻这一方针,一方面需要各级领导具有高度的安全责任感和自觉性,有效实施各种防止矿山灾害事故发生的对策;另一方面也需要广大矿工提高安全生产意识,自觉贯彻执行各项安全生产的规章制度,不断增强自我防护的能力。所有这些都依赖于良好的矿山安全管理体系建设工作。

（3）矿山安全技术依托于有效的矿山安全管理体系,才能发挥应有的作用。在技术、经济力量薄弱的情况下,为了实现矿山安全生产,更需要突出安全管理系统建设的作用。短期而言,限于国家经济和科技的水平,很难通过提升技术装备的本质安全来提高矿山安全能力。在这种情况下,就要充分调动人的安全积极性,强调发挥人的作用。而人的作用的发挥离不开有效的矿山安全管理系统建设。

（4）矿山安全生产体系有利于对生产安全实现主动的超前的管理。在按矿山各类灾害事故发生规律进行主动治理的矿山安全管理活动过程中,应变被动的事故分析与事故处理为主动的事故预测和安全评价,并用系统分析的方法,针对各类矿山灾害事故模型进行定性定量分析,研究矿山灾害事故发生的最小限制因子,把矿山灾害事故消灭在萌芽状态之中,而这些离开矿山安全管理系统建设是无法执行的。

（5）有利于实现安全管理与提高经济效益的"双赢"。搞好矿山安全管理系统建设,有助于改进矿山企业的管理,最终实现全面提高矿山企业生产的经济效益。

第二节 矿山企业安全管理
体系的金字塔概念图

从层次而言,矿山企业安全管理体系是一套系统的概念体系,这套体系包括安全管理的方针、目标体系、管理原则、支撑体制以及运作机制等基本要素,以在宏观上指导矿山企业有效开展安全管理工作。

矿山企业安全管理体系的构建置于企业总体战略的框架下,是矿山业发展战略的重要组成部分。从层次而言,矿山企业安全管理体系是一套系统的概念体系,其中金字塔图的上层统领下层的内容,以在宏观上指导矿山企业有效开展安全管理工作。一个有效完整的矿山企业安全管理体系的概念体系如图 6-2 所示。

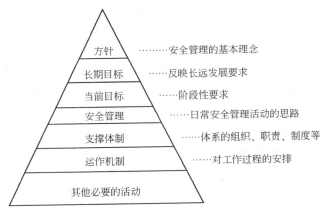

图 6-2 矿山企业安全管理体系的概念体系

一、安全方针

安全管理体系首要解决的是安全管理工作的方针(宗旨)问题,安全方针表达矿山企业安全管理的基本理念;矿山企业的安全方针首先应当服从企业发展战略的要求,能从宏观上保证安全管理工作长期目标的实现,并且能够为员工理解和接受。制定安全方针的关键在于其所体现的内容是可以明确界定的和经过努力可以达到的。

矿山企业的安全方针的设定作为一个能够统一认识的有效工具,保证了企业范围内所有部门和员工了解企业高层对安全生产与职业安全健康问题的基本态度,并且自觉把这点贯彻到具体工作活动中,同时也保证具体安全管理部门和安全执行人员在工作方向和理解安全目标上取得一致,并得到鼓舞。一份成功的书面矿山企业的安全方针能给具体安全执行部门和员工工作提供宏观指导,这是矿山企业安全管理首先应解决的问题。

安全管理方针是组织在安全管理方面的宗旨和方向,是组织总体方针中的组成部分,它体现了组织对待安全管理问题的指导思想和承诺。一个组织无论是建立、实施安全管理体系还是保持、改进安全管理体系都应随时关注安全管理方针,一个组织的安全管理体系的运行,应始终围绕安全管理方针进行。

一般而言,我国矿山安全生产管理建设的总体工作方针是"安全第一,预防为主"。这是由我们党和国家的性质决定的,是由发展生产的经济规律决定的,也是由企业的社会责任决定的。贯彻"安全第一,预防为主"的方针是各级安全生产管理部门的长期和重要的任务,应当立足眼前,放眼未来,坚持不懈,努力奋斗。在实施过程中要积极推进安全法规建设,变行政管理为法制管理,理顺并完善安全生产管理体制,积极采取各种劳动安全卫生技术措施,坚持安全生产的思想教育和知识、技能培训,提高安全意识和素质,不断进行安全管理改革,积极推进安全管理现代化,重视职工伤亡事故的调查、统计和分析工作,以采取切实有效的改进措施,预防事故的再发生。

"安全第一,预防为主"的工作方针的内涵有:

(1) 安全与生产是辩证的统一,二者既相互依存、互为条件、目的一致,又会出现暂时的、局部的矛盾;

(2) 保证安全占据企业一切工作的首要位置,即"安全第一",它还是衡量企业工作好坏的基本指标,是一项有"否决权"的标准;

（3）"预防为主"是实现"安全第一"的基础，也就是要把安全工作放在事前做好，做到防微杜渐、防患于未然；要依靠科技进步，加强科学管理，运用系统安全的原理和方法，进行安全预测和分析、评价工作；要在设计生产系统、产品和服务的同时，设计有效的安全卫生措施，预防和消除危及人身安全健康的一切不良条件，保证安全。

具体到微观矿山企业看，对于安全管理具体方针的制定和表述方面还比较欠缺，很多情况仅停留在领导者的口头上，或者混合在企业的发展战略之中，或者以安全管理的考核指标代替方针，特别是对于层次较多，机构庞大的区域矿山企业集团而言，缺乏明确清晰的安全宗旨直接导致上层的安全管理意图难以有效贯彻，并且形成安全工作"上热下冷、上紧下松"的现象发生。

从国际及国内先进矿山企业安全方针的设定看，安全管理的方针首先以"安全第一，预防为主"作为基础，结合企业实际和战略要求进行细化、明确，既可以作为企业宗旨的一个有机组成部分，也可以独立存在，或者是二者的结合。

矿山企业一份有效的安全方针应该具备以下特点：

（1）全面体现"安全第一、预防为主"的安全管理理念，深刻传达企业对安全管理的特定宗旨和要求；

（2）简洁生动，易于理解；

（3）能够对安全管理工作产生直接指导；

（4）能够反映出矿山企业的总体战略意图；

（5）为大部分从业人员所认可，能把大家的利益相统一；

（6）便于宣传和解释；

（7）能够与矿山企业安全基础、技术基础、生产基础等自身实际情况相匹配，安全方针的要求经过努力可以达到或者可以追求；

（8）特点鲜明，能够反映矿山企业的安全状态特点，方针可能是一句话，也可能由几个方面组成。

针对我国矿山企业特点以及安全管理现状，表6-1给出具有代表性的矿山企业安全管理的方针示例以及基本评价。

表 6-1　我国矿山企业的安全管理方针示例

序号	方针基本要点	基本评价
1	最大限度减少安全事故发生	基本体现了对企业自身的安全管理基本理念和要求,但在鲜明特点和安全管理的行动指导方面体现不够
2	安全问题一票否决制	
3	预防作为安全管理的基本手段	
4	实现安全管理与创造效益的双赢	
5	强化安全培训	
6	促进企业长期稳健发展	

二、长期目标

矿山企业安全管理的长期目标在反映宗旨的基础上通常包括两层含义,一层含义是百万吨死亡率或事故率的控制目标,另一层含义是企业安全管理水平提升方面的目标。长期目标的一个基本功能就是能够反映矿山企业安全管理方面的长远要求,激励和鼓舞全体员工向目标努力。

长期目标确定企业安全管理工作的具体工作导向,也是确定工作重点的主要依据,并且为当前安全目标的确定直接提供方向。矿山企业安全管理的长期目标要反映企业生产经营安全所要达到的基本要求和在随时处理安全事故和安全隐患工作方面的要求。

长期目标所反映的一方面就是未来安全管理状况的蓝图,另一方面也涵盖了安全管理过程中的基本要求,并且能够将矿山企业内部安全管理的具体状况与外部监管部门的要求及发展趋势综合考虑。

具体来说,矿山企业安全管理所设立的长期目标一般不仅要包括安全指标未来的时点情况,而且还包括安全管理的基本要求、外部监管环境的约束以及社会和政治方面的要求,矿山企业安全管理的长期目标一般包括:

（1）安全第一、预防为主的深入阐述及特定含义;

（2）满足法律、法规及外部监管环境的全部要求;

（3）提升安全管理水平方面的努力；

（4）未来具体时点的安全状况以及实现基本途径；

（5）安全管理所涉及的部门与机构的设定；

（6）反映关于企业以及从业人员的利益要求等。

三、当前目标

当前目标则是为完成长期目标所设置的阶段性目标，对于当前目标的基本要求应该是：具体的、明确的、反映长期目标的、不同分目标有相关性的、尽可能量化的、伴有时间表的。当前目标是对安全管理长期目标的阶段性要求，应该说长期目标是当前目标的方向和最终达到的终点，而当前目标又是长期目标得以实现的保证，不同时期一系列当前目标的实现也就达到了最终目标实现的要求。

对当前目标的基本评价标准有：是否具体、是否可衡量与测评、是否经过努力可以实现、是否具备现实操作性、是否伴有年度或者季度的实现时间表等。

对于我国具体矿山企业而言，还存在着对当前目标的分解，建议在上层制定相对宽泛的当前目标，或者在财务性目标如不良资产率、回收资金等方面规定比较具体，而在其他安全指标方面给出指导性目标，而在组织机构依据上级的要求和自己部门的具体能力和情况，具体逐级制定出自己的当前目标，最终在整个矿山企业范围内形成合理的又有一定一致性的阶段性安全目标体系。

结合当前各矿山企业关于安全目标考核体系中存在的问题，建议进一步审视和丰富自己的阶段性安全目标，改变目前以简单的事故率和死亡率指标替代全面指标的状况，确保当前目标的实现最终有助于最终目标的顺利完成，并且能够在具体安全工作中起到促进作用。

四、原则、体制及机制

安全管理原则是指为达到既定目标而设定的基本行为准则，

是日常业务活动的基本指导思路与方法；安全管理的支撑体制是指体系的组织、职责、制度等方面的系列安排；安全管理的运作体制则是对安全工作过程的全方位描述。

第三节　体系构建的基本原则

参照国际的先进经验以及当代安全管理的新发展，我们认为矿山安全管理体系的构建必须遵循以下基本原则。

一、安全第一原则

安全是矿山行业生产的第一要求，是企业生产的根基所在，构建安全管理体系首先应当遵循这一原则，将安全问题置于一切生产经营活动的首位，充分体现和落实"安全一票否决制"的安全工作思路，各级管理人员和从业人员都身兼安全管理的责任，以此为基础，建立"安全第一"的企业文化。

二、预防为主原则

预防是安全管理的基本手段，也是矿山企业安全管理体系建设的根本出发点，这一原则要求矿山企业要转变观念，实现从事后控制向事前防范的过渡，充分运用安全分析等技术，发现安全征兆与安全隐患，将安全事故消灭于萌芽；在生产经营的各个过程必须实行安全的精细化管理，将安全要求渗透于所有过程之中；要求矿山各级人员应准确了解和掌握安全管理一般的和特定的要求，包括安全控制与安全预防的关键点，并且能够及时、准确、完整地将安全要求转化为生产经营规范，确保生产的全过程适应安全管理的要求。

预防为主原则直接决定了以下三方面是矿山安全管理体系建设的重要部分：

（1）危害辨识评价与控制可实现对事故的预防和生产作业的全过程控制；

（2）对各种预知风险因素事先控制；

（3）对各种潜在事故制定应急程序。

三、"一把手"工程

矿山企业的领导者是安全管理责任落实的第一人，也是安全问题的第一责任人。矿山安全管理体系只有成为"一把手"工程，才有可能将安全生产纳入到企业统一的宗旨和方向。"一把手"在安全管理方面的责任在于确定安全方向、策划出科学的安全管理体系，激励员工安全生产的积极性，协调各类生产活动，营造一个良好的安全生产的内部文化环境，创造出使员工充分参与实现安全目标的内部环境等。矿山企业的领导者是企业安全管理体系建设能否取得成功的关键所在。

四、坚持与外部监管环境的良性互动

企业安全管理体系的设计必须以外部监管环境的要求和约束为前提，矿山企业的内部安全管理体系与外部监管体系是一种相互推动、相互促进的关系。矿山企业的安全管理体系对外部监管而言应当是一个开放体系，监管机构面向矿山企业开展安全生产的监管活动对矿山的内部安全管理产生着重要影响，而矿山企业对监管机构的快速响应与落实又是确保监管机构得以有效开展工作的基础。

五、高度关注员工职业健康原则

矿山企业安全管理体系必须将对从业人员职业健康的关注置于与安全生产并列的高度，在体系建设的全过程体现出对员工职业健康的重视。职业健康管理与安全生产管理是安全管理的两个重要组成部分，二者相互联系，共同提高。

六、全员参与原则

矿山全体员工是企业实现安全管理的基础，只有矿山企业

的各级管理者和各级从业人员对安全管理的充分参与,才能确保整个安全管理体系的贯彻与落实。建立有效的矿山安全管理体系的前提就是要对员工进行安全意识、安全技术、职业道德以及敬业精神等方面的教育,还要激发他们的积极性和责任感。同时体系的有效运作和持续改进也离不开员工的广泛、充分参与。

第四节　体系建设应遵循的基本方法

一、持续改进

将矿山企业安全管理体系设计为一个能够自我提高、自我完善、自我改进的系统。通过测量、分析、改进以及防范与预防措施的运用,在安全管理方针指导下,周而复始地进行体系所要求的"计划、实施与运行、检查和纠正措施、管理评审"并随着科技水平的提高,安全管理法律、法规及各项相关标准的完善,组织管理者及全员的安全意识的提高,形成体系的持续改进循环,不断提高安全管理体系及过程的有效性和效率,达到持续改进的目的。

二、过程方法

建立矿山安全管理体系的一个重要出发点就是推进安全生产从要素管理向过程管理的转变。安全问题总是在特定的生产经营过程中产生的,对安全问题的有效管理本质上就是对相关过程的有效管理。安全生产的"过程方法"就是要系统地识别和管理涉及到矿山企业安全管理的所有内部过程和外部监管过程,特别明确这些过程之间的相互作用,对所有过程的关键环节进行有效控制与管理,矿山安全外部监管机构及矿山企业应采用过程方法对活动和相关资源实施控制,确保每个过程的质量,并高效率达到预期的效果。通过过程方法,组织可获得持续改进的动态循环,并使安全管理的水平不断提升。

三、管理的系统方法

所谓系统方法,就是要求将相互关联的安全管理过程作为系统加以识别、理解和管理,把安全管理体系作为一个大系统,对组成矿山安全管理体系的各个过程加以识别、理解和管理,以达到实现安全方针和安全目标的目的。安全管理体系的系统方法强调组织要有系统的组织机构、要有垂直的运作系统,同时还要有一个横向的控制系统,这些是矿山企业安全管理体系有效运行的保证。

四、科学决策

所谓决策就是针对预定目标,在一定约束条件下,从诸多方案中选出最佳的一个付诸实施。安全无小事,对安全相关问题的决策必须确保客观,拿数据说话,以事实或正确的信息为基础,通过合乎逻辑的分析,做出正确的决策。盲目的决策或只凭个人的主观意愿的决策只能带来巨大的安全和经济损失。

五、规范化、文件化的管理

矿山企业安全管理体系要求对组织与安全管理有关活动实施全过程控制并且是文件化、程序化的管理,要求矿山企业针对与安全管理相关的所有活动与过程制定必要的制度、文件和规定,进而严格按文件化要求执行,做到"行所言,言所行"。

第五节　体系建设的基本架构

体系的基本构成如图 6-3 所示。

安全管理体系建设的核心任务具体包括以下内容:

(1) 矿山安全体系的体制建设,具体包括组织机构及职责的明确等;

(2) 矿山安全管理的制度体系及安全文化体系建设;

(3) 以识别矿山安全的危险源为起点,明确矿山安全管理的

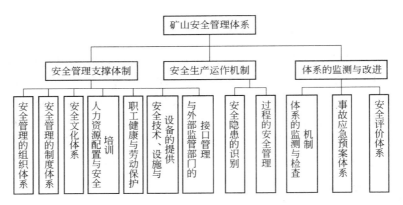

图 6-3　安全管理体系建设的基本构成

基本过程,实施全过程的安全管理;

(4) 安全管理的支撑体系建设;

(5) 事故应急预案与事故处理体系建设;

(6) 矿山安全管理的评价、检测、运行与改进过程;

(7) 体系与外部监管部门的接口管理等。

第六节　安全管理体系建设的
阶段划分与一般步骤

体系建设总体上可分为三个阶段,如图 6-4 所示。

一、体系的策划

为达到预期的安全管理绩效,策划工作是建设矿山企业安全管理体系的一项重要工作,它是建立安全管理体系的启动阶段,策划工作的主要内容体现在:

(1) 对危险源辨识、风险评价和风险控制的策划。矿山企业的所有部门及员工组织专项的安全管理检查与审查活动,检查重点内容包括:采矿、掘进、机电、运输、通风、地质等各专业井下现场管理、地面大型设备和规章制度、图纸资料等。要做到检查覆盖率

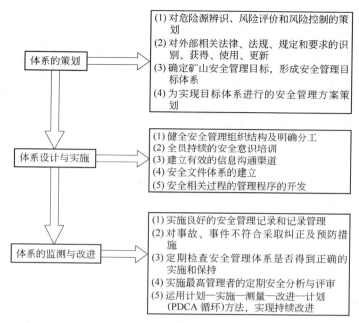

体系的策划 →
(1) 对危险源辨识、风险评价和风险控制的策划
(2) 对外部相关法律、法规、规定和要求的识别、获得、使用、更新
(3) 确定矿山安全管理目标，形成安全管理目标体系
(4) 为实现目标体系进行的安全管理方案策划

体系设计与实施 →
(1) 健全安全管理组织结构及明确分工
(2) 全员持续的安全意识培训
(3) 建立有效的信息沟通渠道
(4) 安全文件体系的建立
(5) 安全相关过程的管理程序的开发

体系的监测与改进 →
(1) 实施良好的安全管理记录和记录管理
(2) 对事故、事件不符合采取纠正及预防措施
(3) 定期检查安全管理体系是否得到正确的实施和保持
(4) 实施最高管理者的定期安全分析与评审
(5) 运用计划—实施—测量—改进—计划（PDCA 循环)方法，实现持续改进

图 6-4　安全管理体系建设的阶段划分

达到 100％,通过检查,客观反映各个工作过程的安全管理现状,并将检查问题专人负责,分类汇总,归档整理。

（2）对政治、经济政策,矿山安全相关法律、法规,以及矿山安全监管体制等相关规定和要求的识别、获得、使用、更新的策划。

（3）针对安全管理方针对安全管理目标进行建立的策划。根据矿山企业的安全管理总体安排和工作现状评价结果制定整体的矿山安全管理目标,同时企业所有部门、各专业要依据整体目标制定年度、季度和月度矿井及各专业安全质量目标,最终形成矿山企业的安全管理目标体系。

（4）为实现安全管理长期目标及阶段性目标体系,进行的安全管理方案的策划。

体系的策划阶段具体的实施步骤包括:

（1）制定总体计划。计划应尽可能详细,包括总体进度、开展的阶段/活动、阶段进度要求、阶段输入/输出、阶段负责人、执行人员及其职责、所需资源、考核要求等。

（2）成立工作组。体系的建立必须得到企业最高层的支持，并由矿山企业的第一负责人担任最高安全管理人，并指定管理者代表全权负责安全管理体系的有关工作，工作组的成员应具备对管理体系及相关知识的掌握并具备一定的沟通能力，工作组成员专兼职均可，但应明确分工。

（3）提供必要的支持资源。相关能力的人员、硬件、软件设施、工作场所、环境及相应辅助设施的提供是建立安全管理体系工作中必须的步骤。

二、体系设计与实施

安全管理体系本质上就是实施必要的控制活动并运行对安全隐患进行控制的系列过程，总体上要求做到给矿山安全带来风险、可能导致事故的危险源始终处于受控状态，为避免事故发生提供保障条件，为实现安全管理层次的提升提供基础，体系建设的内容重点为：

（1）健全的安全管理组织结构及明确的分工，这是组织运行安全管理体系的前提。

（2）全员持续的安全意识培训。相关人员，特别是其工作可能影响组织工作场所内安全管理的人员的意识和能力是组织开展安全管理体系的保证。

（3）有效的信息沟通渠道。建立良好的内、外部沟通渠道和方法，使组织的安全管理体系持续适宜、充分、有效。

（4）安全制度建设。建立必要的、适宜的文件化的安全制度，并对其实施有效的控制。

（5）安全相关过程的管理程序。对组织存在的危险源所带来的风险，通过目标、管理方案进行持续改进，并通过文件化的运行控制程序或应急准备与响应程序进行控制，以保证组织全面的风险控制和取得良好的安全管理绩效。

这一阶段的关键是有效开展安全现状的调研、评估以及体系的设计工作,确保体系的有效运行,具体实施步骤有:

(1)进行全员培训。最高领导层、管理层、执行层、各级岗位职工、具体负责安全管理人员以及工作组成员都应是培训的对象,培训不仅应包括安全管理制度培训,还应包括相关的岗位安全技能等其他方面,确保全员对安全管理体系建设的重要意义保持一致的认识。

(2)进行安全现状调查与评估。具体工作内容有:界定初始评审范围,组成评审小组、制定评审计划;收集企业过去和现在的有关安全管理及管理状况的资料信息;对企业的重要危险因素及安全隐患加以确定和评价;编制适用的法律、法规清单并对其符合性进行评估;对调查结果进行分析,评价现有安全管理模式运行的可行性、有效性,找出固有体系要素的缺陷;形成初始评审报告。

(3)依据初始评审结果,制定安全管理方针、安全管理目标,确定组织机构及职责、权限,制定安全管理体系方案等。

(4)编写安全管理体系文件,常见的文件形式有安全管理大纲、安全管理手册、工作程序文件、作业文件(工作指令、作业指导书、记录表格)等。文件化的建立要满足标准的要求,要反映组织特点,反映组织生产活动的特点,要能对关键过程实施有效控制,文件还应与组织原有的安全管理体系中的管理制度、管理规程相协调。

(5)试运行阶段,在实践中检验体系的充分性、适用性、有效性。

三、体系的监测与改进

安全管理体系倡导企业建立的安全管理体系应具有自我调节、自我完善的功能。其监控机制具有实施检查、纠错、验证、评审和提高的能力。重点工作包括:

(1)对企业的安全管理行为要保持经常化的监测,包括组织遵守法律、法规情况的监测,以及安全管理绩效方面的监测;开展安全管理体系有效性的评估,对体系是否正常运行以及是否达到规定的目标进行系统的、自我的检查和评价。

（2）对所产生的事故、事件不符合,组织应及时纠正并采取相应措施。

（3）实施良好的安全管理记录和记录管理,为组织安全管理体系有效运行提供证据。

（4）定期检查安全管理体系是否得到了正确的实施和保持。主要由企业的安全管理部门定期对企业安全管理方针、安全管理体系和程序是否适合于安全管理目标、安全管理法规和变化了的内外部条件做出系统的评价,并给予改进与完善,进而为以后的改进安全管理体系提供依据。

（5）实施最高管理者的定期安全分析与评审。对企业安全管理体系中的一些问题,由决策层加以解决。并且定期对企业内外部变化的情况,对体系的持续适宜性、有效性和充分性做出判断,并做出相应的调整。

（6）实现体系的持续改进。主要使用 PDCA 循环,即计划—实施—测量—改进—计划的持续改进模式,具体见图 6-5。

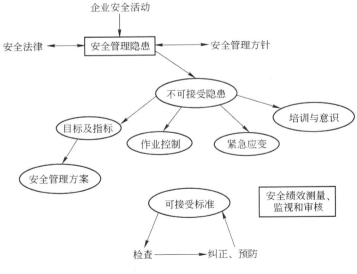

图 6-5　对体系的纠正与改进

第七章 矿山安全管理支撑体系建设

矿山安全管理体系的支撑体系具体包括组织体系、制度体系、文化体系、人力资源配置与安全培训、职工健康与劳动保护、安全技术、设施与设备管理以及与外部监管部门的接口管理等内容,具体见图7-1。

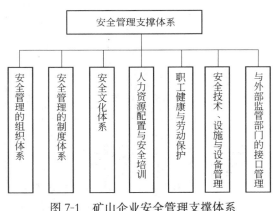

图 7-1 矿山企业安全管理支撑体系

第一节 安全管理的组织体系

一个有效的组织体系建设至少要包括以下三方面内容,一是组织结构;二是组织结构的责任落实;三是机构目标。矿山安全管理组织体系建设如图7-2所示。

一、建立健全安全管理组织机构

矿山企业应设立两级安全生产委员会(简称安委会),即企业安委会和部门安委会。主要职责是:全面负责安全生产管理工作,研究、批准安全生产技术措施和劳动保护计划以及事故的调查处理等。

两级安委会的常设办公室分别是企业生产管理部和部门安全生产领导小组,负责日常安全事务管理。部门按规定配备专(兼)职安全生产管理人员,负责本部门职工的安全教育,制定安全生产操作规程和各项实施细则。

最终,在矿山企业不同层次的机构中设立对应的安全管理机构或安全管理人员,在整个企业形成全面覆盖的安全管理组织网络。

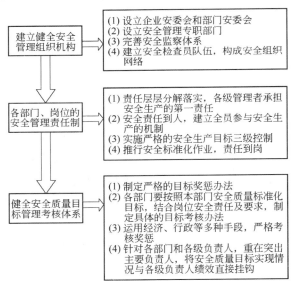

图 7-2　矿山安全管理组织体系建设示意图

二、全面落实各部门、各岗位的安全管理责任制

(一)责任层层分解落实

各级管理者承担安全生产的第一责任。规范安全管理组织架构,通过各项安全管理标准制定和实施,将安全责任落实到每一个岗位、每一名员工身上,通过实施行之有效的监督、制约和责任追究制度,保证每一名员工能够做到各司其职、各负其责。同时认真

落实领导责任,要求各级领导正确处理安全与效益、安全与稳定、安全与发展的关系,使安全目标得到层层分解落实,安全生产责任真正落到实处,真正做到有章可循、有据可查、有人负责,充分发挥人的安全主体作用。

（二）建立全员参与安全生产的机制

在安全生产工作中,构建全员参与、齐抓共管、群防群控的安全生产格局。及时掌握员工在安全生产方面的思想动态、建议和需求,消除影响安全生产的不利因素,建立起安全生产思想预警机制。

（三）实施安全标准化作业

完善安全生产运行机制。以全面落实各级人员安全生产责任制为重点,着力强化安全生产的保证体系和监督体系,制定实施严格的安全生产目标三级控制措施,把安全目标、安全责任和控制措施细化分解落实到每个班组和个人。定期开展安全评价,建立基于风险管理超前控制的安全生产长效机制。矿山企业各部门要按照责、权、利统一,分头负责的原则,将安全管理的责任层层分解,做到安全管理人人有责,人人有指标。

（四）落实安全管理责任

安全管理体系中各部门及岗位承担的具体安全管理责任有:

（1）各部门负责人是本部门安全生产的第一责任人,对本单位安全管理工作全面负责,每月组织召开安全质量专题会议,研究解决安全管理工作存在的重大问题。保证安全管理体系运行所需的装备、培训等的资金投入。

（2）分管安全的相关领导是本部门安全生产的主要负责人,具体负责各业务范围内的安全管理工作,随时解决存在的问题,组织开展标准化培训工作,做好日常的安全生产的督促检查工作及月度、季度的检查、验收和考核工作。

（3）企业的安全管理部门是安全管理体系建设的综合管理部门,负责推进和落实安全管理体系建设,全面协调组织安全管理体系建设的检查、验收和考核工作。专业部门负责本业务范围内的安全管理体系的构建工作。

（4）在企业的所有部门建立一支专（兼）职安全管理员队伍，构成安全管理体系的基础组织网络，全面负责推动和贯彻落实安全管理体系的有效运行。

三、健全安全质量目标管理考核体系

要强化各部门、岗位的目标管理，健全安全质量目标管理考核体系，通过严格奖惩，保证各级安全管理目标得以实现。

（1）根据年度安全质量管理体系确定的长远目标和阶段性规划目标，制定严格的目标奖惩办法，按季度进行考核。

（2）各部门要按照本部门安全质量标准化目标，结合岗位安全责任及要求，制定具体的目标考核办法，进行严格的考核奖惩。

（3）安全管理目标考核奖惩要采用多种形式，运用经济、行政等多种手段，针对各部门和各级负责人，重在突出主要负责人，将安全质量目标实现情况与各级负责人绩效直接挂钩。

第二节　安全管理的制度体系

制度建设表现出来就是矿山企业一系列的安全管理文件。依据我国安全管理的有关法律法规，按照外部安全生产的管理和监察要求，结合企业实际，本着"简单、适宜、实用和有效"的原则，编制出适宜、实用的安全管理体系文件，与外部的安全管理的有关法律、法规及要求一起，共同构成矿山企业安全管理的制度体系，如图 7-3 和图 7-4 所示。

一、制度体系的主要内容

（一）体系框架

矿山企业的安全管理制度体系主要由安全管理手册、安全管理体系程序文件、安全管理体系作业文件、安全管理体系作业标准、外部文件及安全记录等内容构成。

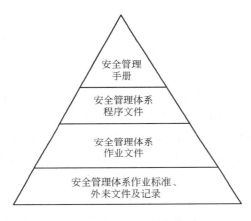

图 7-3　矿山企业制度体系

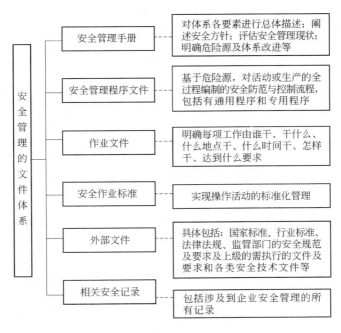

图 7-4　制度文件的表现形式

（二）制度的主要内容

制度至少应反映以下几个方面：

（1）制定安全管理方针、目标、指标和相应的安全管理体系方案。

（2）推进与完善制度文件建设。建立健全企业安全管理各项规程、规章制度，使其规范科学并严格执行。组织清理、修订、完善已有的安全操作规程、标准，同时对企业在技术进步、技术改造中采用的新工艺、新技术和新设施，建立起安全操作技术规程、标准和有关安全管理制度。建立严格的安全生产责任体系如安全风险押金制、安全检查拉网制、安全隐患排查制、安全信息公示制、安全生产联责制、安全生产检查制、事故责任追究机制、安全监督检查机制、信息反馈闭路循环机制、安全激励约束机制等多项安全管理制度，确定企业组织机构的职责，筹划各种运行程序。

（3）对生产经营过程中涉及到的决策、设计、采购、生产过程、辅助设施、售后服务、全员参与控制及应急程序等一系列过程实行全方位、全过程的制度化管理。

（4）充分体现法律和法规的要求、持续改进的承诺以及规范化作业的标准要求，外部所有安全方面的法律、法规以及制度、规定和要求构成矿山企业制度体系的有效组成部分。

（三）制度体系的表现形式

因企业的经营特点及制度文化有较大差异。一般而言，制度体系可表现为以下文件形式：

（1）安全管理手册。主要内容可包括：对各个要素（包括安全管理方针，危害辨识、风险评价和风险控制的策划，法律、法规及其他要求，目标，安全管理方案，机构和职责，培训、意识和能力，文件化，文件和资料控制，运行控制，应急预案与响应，绩效测量与监测，事故、事件、不符合、纠正与预防措施，记录和记录管理，审核，管理评审）进行总体描述；阐述安全管理方针；对企业安全管理现状的评估；明确本企业生产经营活动的潜在事故隐患和安全风险；安全管理体系运行后如何进行评审，并保持体系的有效持续改进。

（2）安全管理体系程序文件。以危害（隐患）辨识为核心，以体系要素为准则编制程序文件。通过对企业历史上发生的伤亡事故的分析，确立关键危害因素，对这些危害因素进行评价并制定预防控制计划，即程序文件，同时编制如培训、绩效测量和监测、运行控制等其他程序文件。这些程序文件基本覆盖安全的各个管理职能层次，规范了各管理人员的安全管理行为。

企业在建立安全文件体系时要有通用程序和专用程序，建议包括下列程序：文件控制程序，记录控制程序，法律、法规和其他要求程序，培训、意识和能力管理程序，体系运行及监视、测量程序，不符合、纠正和预防措施程序，内部审核程序，管理评审程序，采购和采购产品的验证程序，环境因素识别、评价程序，危险源辨识和控制程序，应急准备与响应程序。

（3）安全管理体系作业文件。以程序文件为依据编制其支持性的作业文件，内容是描述程序文件所涉及到各项职能部门单位的具体活动，是程序文件中整个程序或某些条款的细化。编制作业文件的核心，明确每项工作由谁干、干什么、什么地点干、什么时间干、怎样干、达到什么要求。按统一原则和要求，依据程序文件的规定，编制出职责明确、针对性强、技术要求具体的作业文件。

（4）安全管理体系作业标准文件。以程序文件、作业文件为依据编制其支持性的作业标准等文件，本质上是用于实现作业操作的标准化管理，内容是描述程序文件所涉及到各项职能部门单位的具体活动，是程序文件中整个程序或某些条款的细化补充。同时还有各种具体作业的操作规程及其他实施细则，具体明确各个岗位的安全职责，使各个岗位的技术人员和操作人员能够完全了解自己的岗位的安全操作规程及相关法律依据。

（5）外部文件。具体包括：国家标准、行业标准、法律法规、监管部门的安全规范及要求、图纸、主管部门及上级需要执行的文件及要求、企业采购的安全设备、材料、器材的出厂技术文件等。

（6）安全管理相关记录。包括涉及到企业安全管理的所有记录。

二、安全管理制度体系建设的基本原则

（一）系统性原则

安全管理的制度体系是由多个体系要素共同构成的有机整体，是由系统化、结构化和程序化的文件所构成。每一个程序文件是描述体系要素中一个在逻辑上独立的或一组相关的活动，对这些描述体系要素活动的文件要做到：

（1）各层次之间应层次清楚，接口明确；

（2）体系程序文件是规范企业安全生产行为，改善企业安全生产绩效的关键性管理文件，应分工合理、职责明确、要求具体；

（3）安全管理体系作业文件、作业标准是有效实施体系程序文件的具有可操作性、可检查性的支撑性文件，应有针对性、岗位职责明确、技术要求具体，并有相应的自检内容。

（二）规范性原则

制度体系是企业实施安全管理的依据，体系文件对于规范组织的安全行为，改善企业的安全绩效，加强安全管理是具有规范性的管理文件，必须遵照执行。

（三）协调性原则

安全制度体系的所有规定应与企业的其他管理规定相协调，体系文件之间应相互协调，应与有关技术标准、规范相互协调，处理好各种接口，避免不协调或职责不清。

（四）动态调整与持续改进原则

一方面由于国家法律法规以及外部监管要求的动态调整，另一方面也由于矿山企业安全管理体系是个动态发展并不断完善的体系，决定了矿山企业的安全管理制度体系是一个动态调整与不断自我完善的体系。

三、安全管理制度体系的运行

（一）制度体系的管理职责

要求对安全制度文件的形成、修改、使用与销毁等必须有明确

的责任部门。对于一家具体的矿山企业来说,企业的综合管理部门被作为文件控制的主管部门,并负责手册、程序文件的编制、发布、分发、更改、回收、保管等环节的控制工作;企业各职能部门负责本职范围内的制度文件的管理以及技术性文件(如作业指导书等)分发;文件的持有者,负责执行本程序规定的有关自行控制的职责。

(二) 安全管理制度文件的管理

对安全制度文件的有效管理与控制,确保安全制度的有效性和可控性,是安全管理的根基,也是各类安全管理工作与活动的基本依据,必须给予高度重视。文件的管理具体流程见图 7-5。

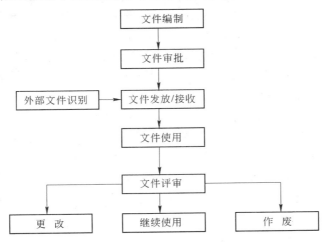

图 7-5　安全管理制度文件的管理流程

(1) 内部文件编制的管理要求。各部门组织本职范围内的文件的编制工作,涉及两个以上部门业务的文件的编制,可提请上级组织协调;为便于文件的检索,文件的格式(包括文件的标识和编号)应规范化;文件的编制应遵循有关的法律、法规、规程、标准的要求。

(2) 内部文件的确认与审批的管理要求。文件经审批后方可发布实施;一般,涉及到安全方针、目标和安全管理手册的制度文

115

件必须由企业的第一负责人审定,其他依据在安全管理方面的职权范围进行对应安全制度的审定;审批时应考虑被审批文件与其他相关文件间协调关系,必要时应组织各有关部门会审/会签。

(3)安全制度文件发布的管理要求。应确定文件的版次和修订标识,确定实施日期,并确定是否需要取代某个被作废的文件;各部门应建立"有效文件清单"(包括内部和外来的),可在网上发布。

(4)安全制度文件的评审、修订、改版的管理要求。制度文件应由原编制单位进行定期评审,确定是否需要改版或修订;已发布的制度文件需作修订或更新时,应提出充分的修订或更新理由,经批准后方可进行,同时修订或更新后的文件还需要再次审批后方可分发。

(5)外部文件的管理要求。相关部门收集本部门、本专业的外部文件并确定其有效性后上报到文件统一管理部门,经确认后进行有针对性地分发。

(6)安全制度文件的使用、保管及归档要求。文件在使用过程中应保持清晰,不得随意涂改或破坏,不准私自外借。文件的保管和归档,应易于检索,以便于查阅和使用。

(7)作废文件的回收、标识与销毁。为防止作废文件的非预期使用,建议矿山企业建立严格的作废安全文件的回收、标识与销毁。

(三)安全记录的管理

安全记录的管理包括以下内容:

(1)安全记录的一般要求。记录应形成纸张文字、表格、绘图等形式,或采用电子媒体、照片胶卷、录像片、X光底片等其他形式;记录纸张的要求应符合《科学技术档案案卷构成的一般要求》中的有关规定;所有记录应标准化,表格和示意图应正规绘制;非纸张记录媒体,如照片、胶卷、录像片、X光探伤胶片、计算机 CD 盘等的质量应符合相关规定及产品质量要求。

（2）安全记录的填写和修改要求。记录填写应及时、真实、字迹清晰；记录中如涉及计量单位时应采用法定计量单位；记录应有记录提供人和授权验证人员（即审核人）审核签字；记录不得随意修改。若确需修改或增补时，应在原记录中间画两条细线表示。修正或增补后，应注明修正或增补人的姓名及日期，进行修改确认；为了便于记录的分类、编目、使用、检索和保管，所有记录均应有编号。

（3）安全记录的管理流程。记录的管理流程包括记录表格编制、汇总发布、记录的填写、审核（会签）/签证、记录的汇总、整理、交付和记录的归档储存和处置工作，如图7-6所示。

图 7-6　安全记录的基本管理流程

（4）安全记录的储存和保护要求。安全记录的储存应满足防火、防水、防光、防霉、防潮、防蛀和防丢失等要求，避免在储存过程受到损坏；X光射线胶片、照片胶卷、底片、计算机CD盘等特殊记录的储存和保管，应保证所有记录不受损坏，记录的主管部门应根据生产厂商推荐的包装和储存方法进行包封和储存；记录在各部门和企业档案室的储存和保管，应符合档案室规定的要求；记录管理人员应定期检查，确保储存设施、环境处于良好状态；记录的储存和保管方式应便于检查和查阅。

第三节　安全管理的文化体系

企业安全文化体系是指企业内人的安全行为、物的安全状态及环境的安全条件有机结合的一种新型安全体系，是企业实现人本管理的核心基础。可以说,矿山企业文化就是以生产安全和职业健康为核心的文化,推进安全文化体系建设不仅是矿山企业构建安全管理体系的重要组成部分,也是适应内、外部环境变化,实现企业持续发展、维持持久竞争优势的客观需要。

一、安全文化体系建设的作用

安全文化体系建设的作用主要有:

(1)通过建设企业安全文化体系,将安全生产提高到文化的高度加以认识,依靠文化的潜移默化作用,提高职工的安全意识和安全文化素质,将安全生产贯穿于生产活动的各个环节,树立"以人为本"的良好企业形象,增强企业的抗风险能力,获得并维持企业的竞争优势。

(2)良好的企业安全文化体系不仅会使企业的安全环境长期处于相对稳定状态,更重要的是经过企业安全文化的建立,能使员工的思想素质、敬业精神、专业技能等方面得到不同程度的提高,同时也会带动与安全管理相适应的经营管理、科技创新、结构调整等中心工作的平衡发展,这对树立企业形象和增强企业竞争力都将大有裨益。

(3)良好的企业安全文化体系具有导向、教育、保护、约束、凝聚和激励功能。导向功能是指企业安全文化对全体员工的引导和指引方向的作用,明确企业的安全总体目标和各车间、班组的安全分目标,制订相应的安全管理规章制度,引导职工的言行符合企业的安全价值观;约束功能是指通过企业安全文化制度约束全体职工的安全行为,使企业职工认识到安全规章制度的必要性,自觉地增强安全意识,自觉地遵章守纪,提高整体的安全水平;凝聚功能是指将企业职工紧密联系在一起,使职工对企业产生信任感、可靠感、依靠感和归宿感;激励功能是指安全文化本身能够激发职工的安全生产积极性和主动性;教育功能是指可以使职工在文化环境、氛围的陶冶下,通过安全文化知识、安全技能的宣传和教育,通过各级领导、先进典型、老工人的自身表率行为、态度的诱导和启迪,潜移默化地形成良好的文化素养、意志和一般的行为准则,起到潜在教育的作用;保护功能是指安全文化使企业决策层、管理层和作业者三部分都严格按照安全规范和行为准则去自觉地进行安全生产的决策、管理和作业,恪尽职守,自觉为企业承担责任,这就构成了安全文化的三位一体,从而起到了减少和避免事故,保护国家财产和保护职工安全和健康的作用。

二、安全文化体系的主要内容

企业安全文化体系建设的基本目标是:通过宣传、教育、培训将企业安全文化渗透到制度建设、流程建设以及职工的行为规范中,使安全文化理念在职工思想中根深蒂固,潜移默化地形成企业的行为指南,把安全文化制度建立在心理契约的基础之上,使职工安全行为真正自律,在安全观念上实现转变,提高安全生产绩效,形成安全生产的长效机制,降低各种安全事故的发生率,促使企业在安全管理方面从单纯的经验型管理走向专业化的科学管理。

企业安全文化体系是指企业内人的安全行为(包括安全管理、员工安全心理、安全技能等)、物的安全状态及环境的安全条件有机结合的一种新型安全体系,是企业实现人本管理的核心基础。企业安全文化体系的主要建设内容有以下几个方面。

(一)安全意识文化

多次事故教训表明人的不安全因素引发的事故占 70% 左右。因此,加强安全文化意识形态观念的建设是企业安全文化体系建设的核心。安全意识是整个企业或关联群体对安全人本化管理理念的认同,关键是在企业中树立"以人为本、安全第一"安全理念,在安全管理中体现对人的安全权和生命权的尊重。

安全意识文化的内容包括:

(1)要通过学习型组织创建活动等形式调整和改善企业安全意识模式,树立正确的安全管理观念,杜绝违章、麻痹、不负责任;

(2)要加强安全思想教育,不断进行引导、教育、宣传,唤醒人

们对安全健康的渴望,从根本上提高安全觉悟和安全文化水平,牢固树立"安全第一"思想;

(3)要通过舆论宣传提高职工安全意识,企业各部门应多开展一些形式新颖、寓教于乐、职工参与的宣传活动。

(二)安全行为文化

美国杜邦公司的研究表明:每30000起不安全行为方式,孕育着3000起被忽视的隐患;每3000起被忽视的隐患,孕育着300起可记录在案的隐患;每300起可记录在案的隐患,孕育着30起严重的违章操作;每30起严重的违章操作行为,孕育着一起安全事故。在杜邦看来,4%的事故源于人所不及的不安全状况,96%的事故源于人的不安全行为。

安全行为文化建设的重点内容包括:

(1)制定企业安全生产的严格标准和规程并宣贯,透彻分析职工安全管理行为,查找安全管理的问题和隐患,学会运用解决问题和消除隐患的策略和能力。

(2)针对不同专业、不同岗位,有计划、有重点地进行安全知识、安全法规和遵章守纪教育,使员工从更深层次理解各自岗位安全的内涵,知道怎样做安全,怎样做不安全,为企业安全文化建设奠定基础。

(3)开展行为规范化培育,通过岗前培训、日常检查等活动来规范人的安全意识、科学管理方法和应急处理预案,落实法律责任,增强人的责任感;对全体员工进行安全操作技能强化性训练,对本企业每个岗位、每个人进行安全操作标准化训练,并经严格考核合格后,持证上岗操作,对一些重要的危险性大的岗位、工种进行规范化安全操作强化训练,开展安全技能训练活动,使各类人员的技能达到安全标准,确保人的行为规范安全,从根本上提高员工的安全操作技能和自我保护能力。

(4)通过落实安全生产责任制等制度规范人的行为。落实每位员工的安全责任,制定科学完备的操作规程,严格遵守操作程序,并适时督促检查,确保生产行为的安全可靠。

（三）安全管理文化

当前,大部分矿山企业安全管理尚处于经验管理阶段,存在规章制度不健全,安全立法滞后,安全技术开发滞后或空缺,安全管理组织机构、管理模式不配套等问题,安全管理文化建设的关键在于推进安全管理制度化建设进程,将"安全第一"方针和各项政策法规真正落到实处。

安全管理文化的内容包括:

（1）推进安全管理的制度化、规范化、标准化建设,全面落实《安全生产法》等各项法律法规,为安全管理营造理想的法治环境。依据企业的特点,完善各项安全管理制度,制定安全生产的企业基本法规,依法管理,在企业内部实行矿山安全法制化建设和法制化管理;建立健全企业安全管理各项规程、规章制度,使其规范科学并严格执行;组织清理、修订、完善已有的安全操作规程、标准,同时对企业在技术进步、技术改造中采用的新工艺、新技术和新设施,建立起安全操作技术规程、标准和有关安全管理制度;建立严格的安全生产责任体系如安全风险押金制、安全检查拉网制、安全隐患排查制、安全信息公示制、安全生产联责制、安全生产检查制、事故责任追究机制、安全监督检查机制、信息反馈闭路循环机制、安全激励约束机制等多项安全管理制度。

（2）建立覆盖全员的安全管理文化组织体系。以企业安全管理委员会为核心构建安全管理文化的组织体系,在基层重点提高班组安全管理水平,明确班组安全生产目标、安全工作内容和安全日活动内容等。建立健全厂、车间、班组三级安全保证体系,建立行之有效的安全管理流程和以安全生产责任制为中心的安全管理制度,使安全管理制度化、规范化、标准化。

（3）加强安全管理软件方面的投资,努力培养一批高素质的职工队伍。一是不断改善职工劳动条件和作业环境,通过办公场所装修改造,作业现场尘、毒、噪声治理等活动,以企业环境促进安全生产,保证员工的身心健康和企业的持续发展。二是加强全员安全教育和安全技能培训,提高整体安全技术素质,基本措施有:

强化现场标准化作业,从根本上提高员工的安全操作技能和自身素质;通过各种培训方式,对职工进行生产作业安全技术知识、家庭生活安全知识、社会公共生活安全知识等各种内容的普及教育;参观学习,加强员工自身素质的提高,及时了解、掌握新技术、新工艺;强化安全规章制度和激励机制,充分发挥员工的积极性和主动性。落实安全生产责任制,建立企业安全管理网络,强化安全生产奖惩力度,提高员工的安全责任感。

(4)加大投入进行技术改造,在生产设备的安全防护设施,个人劳动防护用品以及生产场所、环境、装置的本质安全化以及各种安全技术和科研成果方面应加大投入。

(四)安全监察文化

安全监察文化的内容包括:

(1)建设一流的专职安检队伍,通过思想意识、作风、技能等的培育,培养专业的安检队伍,保障企业的安全生产;

(2)搞好安全监察培训,培训合格的安全监察员;

(3)坚持思想政治教育,提高政治、业务素质,建设一支政治合格、思想过硬、技术精湛的安全监察员队伍。

(五)安全信息文化

建立企业安全信息系统,通过相对稳定的、畅通的企业安全文化信息反馈系统,将不同层面、不同岗位员工对企业安全文化的意见和建议快速、客观地反馈到企业安全管理部门,及时做出反馈;建立企业安全文化档案,积累企业安全文化建设过程中的经验和教训。

三、安全文化体系的建设

企业安全文化体系建设依据职责可划分为以下三个层面。

(一)企业领导层职责

企业领导层职责包括:

(1)公布企业安全政策。发表安全政策声明,明确其所承担的责任。该声明就是全体职工的行动指南,并宣告该企业的工作目标和管理人员的公开承诺。

（2）明确安全管理责任制。安全政策的实施首先要求在安全事务方面有明确的责任制。在对安全有重要影响的一些企业内部部门要设立独立的安全活动监察机构。

（3）提供资源保障。确保安全所需要的充足的人力物力。

（4）审查反馈。企业领导层应对与企业安全有关的工作进行定期审查。

（二）各级管理者职责

各级管理人员应根据企业的安全政策和目标开展安全实践活动,形成有益于安全的工作环境和养成重视安全的工作态度。各级管理者职责包括:

（1）明确责任分工。建立安全文化的途径在很大程度上与建立一个有效的管理组织机构的要求是相一致的。唯一的、清楚的权限使每一个人的职责分明,应对每一个人的职责清晰无误地予以书面规定,并保证没有重复、遗漏或含糊不清的情况。每个人的职责分工应经过上一级的审查批准。管理者应使每一个人不仅了解自己的职责,而且了解他周围同事及他们部门的职责和接口关系。

（2）安全工作的安排和管理。管理者应确保与企业安全有关的工作能严格按要求完成,建立起完整的法规、制度及程序体系,并通过合适的控制和检查来保证其执行的有效性。

（3）人员资格审查和培训。管理者应确保他们的下属能充分胜任自己所承担的工作,这需要严格的选拔任命和不断地培训来实现,对特殊岗位,还应考虑生理和心理等方面的因素。管理者不仅要对每一个工作人员灌输技术技能和培训他们严格遵守程序的工作习惯,而且还应该对他们进行更广泛的培训。

（4）奖励和惩罚。管理者应鼓励那些在企业安全方面有突出表现的人员,并给予一定的物质奖励,而不应使奖励制度只鼓励危及安全的高产者。对于出现的差错,应更多地从中吸取经验教训,管理者应鼓励每个人去发现自己工作中不足之处,并积极予以改进。对于重复出现的问题或严重的失误,管理者要负责采取纪律措施,否则会危及安全。

（5）监察、审查和对比。管理者在贯彻质保措施外,还要负责实施一整套的监督措施,例如对培训计划、人事任命程序、工作方法、文件管理和质量保证系统等定期审查。上述审查应根据具体工作具体安排。企业内应有专人负责收集和研究有关部门经验、研究成果、技术开发、运行数据及对安全有重大意义的事件,以便从中获益。

（6）承诺。确保职工按照已经确立的原则行事并从中获益,同时,管理者应以身作则,保证职工对追求高标准的工作成绩有持续的积极性。

（三）一般员工的职责

建立安全文化是企业每一个职工的职责,要求每一个人不仅要清晰地明白自己工作的任务、程序、必备技能,而且应充分地分析、预测、防范工作中的任何意外和异常,除具备这些探索态度和工作方法外,还要求具有与其他有关部门人员互相交流的工作习惯以及个人的奉献精神。在工作中具有良好的安全文化意识者应同时具备以下素养:

（1）积极探索的工作态度。要求职工个人在开始任何一项与安全有关工作尤其是新工作前,能慎重地思考工作中安全相关的所有问题,以便对工作中的意外有充分的认识。

（2）科学严谨的工作方法。要求职工个人能够严谨地按制度、程序办事,谨慎地对待工作中的所有意外,从而防患于未然。

（3）互通有无的工作习惯。需要上下级和职工个人相互之间能正确而充分地交流并传递信息,以便正确地理解工作、掌握情况、寻求帮助和互相学习。

（4）主人翁精神。认识到企业安全是和个人利益直接相关的,并能以主人翁的态度积极响应企业的所有安全有关事宜。

四、推进安全文化体系建设的基本策略

推进安全文化体系建设的基本策略为:

（1）真正树立以人为本的企业安全文化核心。把保护职工群众安全与健康作为企业安全工作的目标，促进安全生产的科学化管理、现代化管理、人性化管理，克服企业内部的消极情绪，赋予职工共同的目标，激励员工的士气，自觉遵守安全行为规范，形成群策、群力、齐抓共管的安全管理良好局面。

（2）开展安全意识与技能的培训、教育和引导活动。积极通过培训、教育和引导，改变职工中存在的错误安全观念，使职工认识到，管理与奖惩不是目的，安全是企业发展和自身发展的需要，是企业与家庭的需要，目的是保护职工自身的安全和家庭幸福，保障企业可持续性发展以获得企业与职工的利益最大化。大力开展三级安全教育，对新职工进行厂级教育、车间级教育和班组级教育，建立岗位安全准入制度。

（3）安全管理制度设计中充分体现以人为本的理念。采用科学的管理方法和管理制度，将以人为本的管理理念，各类道德规范、各种制度、纪律方法渗透到生产流程的各个环节，提高职工的积极性，激发职工的创造性，使职工主动地参与到安全管理活动中，为员工建立起一种职业行为习惯和出自内心的自我规范；强化职业道德建设，规范企业和职工行为，职业道德建设应把社会文化与安全文化、企业文化与安全文化统一起来。

（4）增加投入，创造安全生产的良好氛围。增加安全保障投资，降低物和环境的不安全因素，严格进行现场管理，改善职工的生产作业环境，创造良好的工作氛围。通过各种辅助设施如安全色、安全警示牌、标语、宣传板报等措施创造一个提示职工安全生产的良好氛围。

五、企业安全文化体系的绩效评价

（一）企业安全文化体系的阶段划分

企业安全文化体系划分为以下几个阶段：

（1）无管理秩序阶段（低级阶段）。该阶段特征是：安全基本不被重视,生产事故的发生被认为是员工个人行为的结果;在所有员工中,侥幸心理或听天由命的心理占上风;企业基本不进行安全投入和安全教育,安全规章制度没有制定或制定后根本未加执行。在这个阶段,企业的核心价值观是以生产经营为中心,职工冒险作业和指挥、违规作业大量存在。

(2)被动约束阶段(初级阶段)。在此阶段,安全工作是被动的,是基于法律、法规约束而不得不开展的工作。企业高层管理人员对安全生产的重要性有所认识,但对安全经济价值的认识和对职工权益保障的意识仍然不足,改进安全工作的动力主要来自于满足法规要求的需要和避免政府监管制裁的需要。对于中层管理人员和普通职工来说,安全是更高层管理者的职责,与自己关系不大;安全不是自己的实际需要,是由其他人强加于自己头上的。

(3)主动管理阶段(中级阶段)。该阶段,企业高层领导对安全工作的重要性有了充分认识,在遵守法律法规的基础上,组织内部建立了用清晰的语言描述的安全价值观或安全方针和目标,健全了实现安全目标的方法和程序。在这个阶段,每一位员工都经过培训并认识到:企业制定了系统化、文件化的安全操作规程和规章制度,规定了哪些能做哪些不能做;生产工作都进行了科学的规划并且优先考虑了安全。对于企业高层管理人员和安全专职人员来说,安全工作已经不是被动应付政府部门安全监管的要求,而是为搞好企业的安全生产主动采取更加有效的技术和管理措施。企业安全对于许多职工个人来说仍处于被动状态,原因是企业没有建立起员工参与安全事务商讨和决策的机制,职工的安全行为是在安全专职人员的监视和监督下得以实现的。

(4)自律完善阶段(高级阶段)。企业领导者对安全具有的远见和安全价值观在企业中被充分共享;绝大部分员工始终如一地、自觉地、积极地参与到强化安全生产的事务当中;安全工作成为一切工作的有机组成部分和保障;不安全的作业条件和不安全行为被所有的人认为是不可接受的并且被公开反对。企业安全文化发展的高级阶段,是一个不断改进、不断前进的无止境过程。

（二）安全文化体系的评价标准

目前,对安全文化进行评价的指标还没有被一致认可的标准,一般而言,可大体分为以下六个因素:

（1）领导承诺情况。领导承诺是高层领导将安全视为企业的核心价值部分的重要体现。领导承诺意味着责任,是严肃的、审慎的,体现了高层管理者重视安全的积极态度,能够激发全体员工的士气,消除隐患、保障安全。

（2）管理层参与情况。管理者参加安全活动,与员工交流安全理念,表明自己对安全的态度,这将会在很大程度上促使员工重视安全,自觉遵守操作规程。

（3）员工授权文化。工作失误可以发生在任何层次的管理者身上,而一线员工是防止这些失误的最后屏障。授权的文化可以带来员工工作的积极性。员工授权意味着员工在安全决策上有充分的发言权,可以发起并实施对安全的改进,为了自己和他人的安全对自己的行为负责。

（4）奖惩制度。企业安全文化的重要组成部分是其内部所建立的一套行为准则,基于该准则来评价安全行为和不安全行为,并按照评价结果给予公平一致的奖励或惩罚。企业安全奖惩制度要正式文件化,奖惩政策要保持稳定,并传达到全体员工并被全体员工所理解。

（5）报告系统。组织内部能够有效对安全管理上存在的薄弱环节进行辨识并由员工向管理者报告的系统。建立对安全问题可以自愿地、不受约束地向上级报告的报告系统,员工能够在日常工作中更多地关注安全问题。

（6）安全素质的培养。不仅要进行安全教育培训,更要提高企业对安全教育培训的重视程度,提高员工参与安全教育培训的主动性和广泛性,促进员工在工作中自觉传递安全知识和技能。

第四节　人力资源管理体系

矿山企业安全事故的发生有物的不安全因素，但更多的是人的不安全因素，因而岗位对人力资源安全能力需求的识别以及基于安全生产需要的人力资源配置则显得尤为重要。

一、人力资源配置与培训的基本管理流程

矿山企业通过对人力资源的开发和管理，力求使从事影响生产安全工作的人员胜任各自岗位的要求，并对企业人员进行有效的配置。

（一）人力资源的确定

人力资源部门根据企业部门岗位设置和安全生产的需要，按照人员需求数量、人员资质要求（含教育、培训、技能和经历要求）编写《机构设置及岗位描述》，根据《机构设置及岗位描述》和《人员编制计划》为各部门配备人员，需要时组织相应的培训和组织招聘等。公司的人员编制、各级安全管理人员的任免，需要由安全部门的最高责任人批准。

（二）人员招聘

人力资源部门根据企业发展需要和安全生产的需要，制订人员需求计划，经批准后，组织招聘，对从事与安全有关人员的招聘应事先制定明确的职务描述，并据此确定人员符合要求的教育、培训、技能和经历标准，以确保招聘人员胜任其职位要求。

（三）安全培训

岗位的安全需求分析与人力资源配置。实施人力资源配置的前提是建立以岗位职级体系为基础的人力资源配置体系，对所有岗位安全方面的要求进行充分分析，明确每一个岗位的安全准入条件，在安排人员的过程中，通过调查、考核或分析等方

式判断其能力,以确保其能够承担起各安全管理体系规定的职责和权限。

要求企业制定并执行培训管理控制制度,以确保公司员工的能力、意识符合规定安全生产的要求,确保培训的有效实施。对承担质量管理体系职责的人员明确相应岗位的能力要求;增强全体人员的质量意识;有效开展培训以满足规定要求。安全培训范围应覆盖承担质量管理体系规定职责的所有人员,不仅包括临时雇用的人员,必要时还要包括供方的人员。判断一名员工的适岗能力时,应充分考虑以下几个方面:

(1)安全教育,岗位识别并确定从事影响岗位是否对安全教育经历有要求;

(2)安全培训,了解其是否接受过其所要承担岗位要求的安全培训;

(3)安全技能,包括安全技术职称、岗位证书、实际能力;

(4)工作经历,包括相同或相近岗位的工作经历。

对于安全素质和能力不适合岗位的人员要制定有针对性的安全培训计划,实施充分的安全培训项目。

人力资源的配置与培训流程具体如图 7-7 所示。

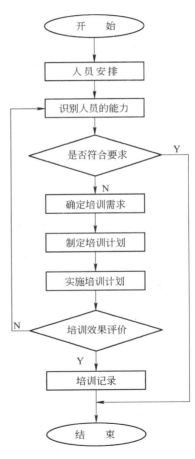

图 7-7 人力资源的配置与培训流程图

二、员工安全培训的管理

（一）培训计划的确定及审批

矿山企业需制定《培训管理办法》以及《年度培训计划》，人力资源部门每年汇总各部门上报的培训需求，编制年度培训计划。计划反映培训内容、培训时间、培训组织实施的主管部门及考核要求，经总经理批准后下发各部门，并监督实施。

矿山企业安全培训部门按年度培训需求编制企业的年度安全培训计划。计划中应包括培训时间、内容、对象、人数、形式等内容。年度安全培训计划经批准后分发至相关部门。同时，企业各部门还要根据自身的需要，组织培训。

对临时需要的培训由各部门报人力资源部审定后实施。对计划不能实施的情况，组织实施的责任部门应提前报人力资源部及时调整计划，经批准后执行。

（二）安全培训的内容

安全培训的内容包括国家、行业所要求的培训，适用于企业的安全管理知识培训，包括各安全管理体系知识、质量、安全、环境等知识的培训，适合企业的业务知识，安全操作技能及安全教育等培训。

安全培训的内容一般包括：企业基本安全和防护知识；本企业的安全特性；适用于企业的有关安全法律、法规、规程、规范、标准等；企业制定的安全管理方针、目标、手册、程序等；安全生产禁令和安全作业规程；职工的安全、质量意识与知识；特殊验证人员、特殊工种人员、特殊工艺等人员的安全技术培训和取（换）证培训；矿工的岗位技能、等级培训；新工艺、新技术、新技能培训；危险源辨识；事故案例；应急预案；安全技术、管理人员的继续教育；新入厂职工上岗前安全培训；有关文件或监管部门要求的安全培训等。

（三）安全培训的形式

企业内部组织培训，采用自学、讲座、授课、电教等培训形式，根据实际需要外送培训，采用脱产、业余等培训形式。

（四）安全培训的实施

企业安全生产监察部门应配合各部门做好对职工的三级安全教育和施工人员的安全技术培训，保证职工上岗前经过三级安全教育。安全专业技术理论和业务知识培训由所在部门组织实施；内部安全培训应邀请有专业特长的工程技术、管理人员等作为培训教师，根据年度培训计划和实际的需求确定具体的培训时间及日程，参考培训后需达到的能力要求选定培训内容；外送培训应根据年度培训计划、上级单位的要求以及实际的需求确定；全面开展职工的岗前任职资格培训，岗位安全培训不合格的职工，不应继续从事该岗位的工作；应组织特殊验证人员、特殊工种人员、特殊工艺等人员的技术培训，企业具备培训资格的由企业进行培训，其他参加国家、地方、行业相应级别的培训；外聘、外借劳务人员时，应根据安全管理的需要向劳务供方提出专业要求的同时提出安全、质量等知识培训的要求。必要时，企业、各部门可专门对外聘、外借劳务人员进行安全培训。具体的培训项目有：

（1）安全意识的培训。矿山企业各部门应积极配合安全管理人员，在本部门开展安全生产意识有关的宣传和教育活动，以培养员工的安全意识。人力资源部门负责与安全意识有关的培训实施，负责安全管理体系建立、修改后所需的培训，以增强员工按照规定要求开展安全活动的意识。各有关部门根据改进管理中有关纠正措施和预防措施的有关要求，适时组织有关的安全意识培训。

（2）员工的上岗培训。上岗前培训的主要内容包括：企业宗旨及安全方针有关的教育；公司各项规章制度的介绍；相关法律法规教育；所面临的岗位要求及相关安全目标、安全要求等的培训。一般应由人力资源部门统一组织培训的开展并进行相关的考评，考评合格后上岗。

（3）专业能力培训。专业能力有关的任职资格培训、再教育培训，人力资源部应落实在工作计划中，需要时由认可的专门机构实施，并经考核/复评合格获证后上岗。对工作规范，所用设备的性能、系统测试操作步骤掌握等内容的培训，由所在部门或岗位技术负责人组织进行,并进行书面和操作考核,合格者方可上岗。

(4)管理能力培训。关于专业发展、管理能力提高有关的培训,人力资源部门可通过对师资、教材及培训过程的控制,确保培训效果满足规定的要求,需要时进行考核。

(5)安全管理培训。人力资源部门或安全管理部门负责企业内专职管理人员的培训,并对特殊人员实施上岗任职资格制度管理。企业应鼓励员工主动学习有关质量、技能和管理相关的知识,对业余学习所获能力改进及提高的证明(如结业证、毕业证等),公司在晋级、任用相关的能力评价时予以参考。

(五)安全培训记录

安全培训部门建立并保持员工与能力、意识和培训有关的记录,记录包括与能力证明有关的各类证书,与培训有关的考核结果、培训考勤等,与实践中能力表现有关的成就、过失等记录。安全管理部门还应保存证明组织、实施和管理培训有效性的有关记录,如培训计划、培训实施过程和培训效果统计评估等有关的记录。

三、推进安全培训的基本措施

(一)明确企业的岗位任职要求及职责

这是明确安全培训需求的基础工作。应当从安全教育、安全培训、安全技能和工作经验四个方面,确定从事安全管理的工作人员胜任本岗位工作的能力要求和职责要求,也可以编制具体《岗位任职要求》和《岗位职责》的形式加以明确,以此确定日常安全培训的基本内容。

(二)推进安全意识培训及培训考核

坚持以人为本的思想,建立职工的安全教育培训的长效机制,开展多种形式、多层次、多方位的安全教育培训;以职业道德为主要内容,以遵章守纪为主导目标,以增强预防意识,提高安全意识、预控能力为目的,预防重特大安全事故的发生;将安全常识纳入安全技能培训的内容,积极通过班前活动等教育形式,职工夜校等教育场所,加大对职工的安全素质教育,提高职工的安全意识和自我保护能力;注重从职工的思想认识高度上加强安全意识教育,加大职工安全教育和安全培训,要求新职工工作前全部参加集中安全教育培训,对老职工则着重于日常安全技能的培训和安全意识的提高,通过对典型事例剖析对职工进行深入的安全教育,加强安全隐患查找和安全防范的能力;开展办安全板报、开安全专题会议、参加企业组织的各项安全活动等多种形式,加大对职工安全意识的宣传贯彻,加强对安全知识的介绍,提高全体职工的安全警惕性,提高职工对安全隐患的识别能力和判断能力。

实施职工安全意识的考核。通过培训要求从业人员达到以下认识:所从事的工作与安全管理和生产的相关性,实际的或潜在的重大影响和安全后果,以及个人工作的改进所带来的安全效益;日常活动符合安全方针、程序及安全管理体系的重要性,以及如何为实现安全目标做出贡献;执行安全方针与程序,实现安全管理体系要求,包括应急准备与响应要求方面的作用与职责;偏离规定的安全操作规程、准则的潜在后果。

（三）安全技能培训

一是设备的操作培训,要确保任何一个设备的操作者明白自己从事的岗位必须具备的操作技能,清楚该设备可能存在的所有的安全风险,做到照章操作。二是岗位操作技能培训,任何一个岗位的人员都必须具备本岗位的操作技能,清楚本岗位可能存在的所有的安全风险,确保设备、人身、财产安全。三是加大各类人员的培训,特别是一线职工的培训,建立各类有关人员安全培训档案,与企业资质和职工执业资格挂钩。针对生产过程中的新技术、新工艺,及时研究安全防护中存在的新问题,同时应定期聘请有关专家讲解安全生产工作的新形势,讲解安全施工新技术,提高各级安全管理人员的水平。四是采取现场说法、案例分析、传帮带等多种培训方式,提高安全培训的实效性。

经资格鉴定尚不具备或不完全具备相应岗位安全技能要求的职工,各部门能解决的,可以确定通过安全培训或其他措施达到规定的安全技能要求。

（四）特种作业人员的培训与管理

特种作业人员必须经上级主管部门进行专业和安全培训,并经考试合格后,取得《特殊工种作业证》。进行特种作业时必须按规定办理各种票证,并严格执行安全操作规程。企业及各部门必须建立、健全特种作业管理制度,制定培训计划,建立票证管理台账。进行相关作业时,必须按票证要求采取相应的安全防护、监护措施。安全主管部门要及时监控、管理。

第五节　安全技术、设施与设备管理

安全事故的发生有时是由于物的不安全因素造成的,安全设施、设备的提供和合理使用对于预防安全事故的发生有着重要的意义。

合格安全设施、设备的提供主要是从源头上即采购环节加以保证,合格安全设施、设备的采购要遵循相关的要求和规章。

（1）企业应建立科学的合格安全设施、设备的采购程序,具体见图 7-8。

（2）对供方的评价和选择。设施、设备的供应方情况直接决定了其提供产品的有效性,因此应当建立供方准入制度。具体的评价准则有:评价供方以往类似安全设施、设备的质量状况;评价供方的供货业绩和发展趋势,包括倾听其他使用者的意见;对供方进行综合能力的评价,包括产品质量、管理状况和生产技术状态、产品价格、交货期、正常使用的安全性、产品售后服务等;检查供方是否考虑了顾客满意程度;必要时,评价供方的生产管理体系。

（3）采购的实施。采购的实施包括以下两个方面:

1）明确采购计划。相关部门根据使用的需要提出采购计划,并由资产管理部门汇总。

2）实施采购。对有合同要求的安全设施、设备,采购人员根据采购合同及时催货到位进行采购。针对不同重要等级的安全设施、设备的采购,进行不同的控制。一般情况下应在合格供方名录中采购,只有在特殊情况下,经主管部门领导批准后,才允许在合格供方名录外采购,但应填写"安全设施设备特殊情况采购审批表"。

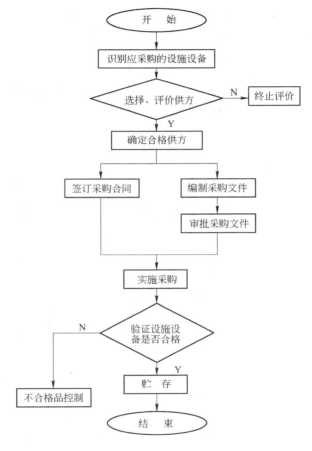

图 7-8　安全设备、设施采购控制过程图

(4)安全设施设备的验证。采购的安全设施设备入库前,根据其性质、用途、重要程度以及对过程和最终产品的影响,来确定进货检验的内容,具体包括:验证采购的安全设施设备的所有记

录,如随行的说明书、图纸、产品合格证、质保书、检验或试验报告等;验证采购的安全设施、设备的数量(包括产品及附件、备品备件、随带的专用工具);验证采购的安全设施、设备的包装;验证采购的安全设施、设备的外观质量;验证采购的安全设施、设备的装箱单、配套件、保管期、牌号、规格、批量等;验证采购的安全设施、设备的质量特性;如果因生产急需来不及检验而放行时,对该批紧急放行的安全设施、设备应做出明确标识,并作好记录,以便发现不符合要求时能立即追回或更换;未经检验或检验不合格的安全设施、设备不得投入使用。经验证合格的安全设施设备,分类放入合格品区域或投入使用。

(5)安全设施、设备的贮存管理。不管安全设施、设备是否经过检验,只要进入企业控制的领域,应由各使用及保管部门加强管理,防止因贮存管理不善而造成质量问题或使其质量水平下降。所有安全设施、设备应建立管理台账,做到账、卡、物、数量、型号一致。

(6)安全设施、设备分类的使用管理。安全设施、设备具体包括安全阀、安全门、防爆灯、避雷针、防爆板、高度报警、液位计、压力表、监控屏、通风机、排风扇、减压器、护栏、平台、爬梯、护罩、联系信号指示、限位器、安全联锁、盲板、水封、消防器材等。各部门必须建立安全设施管理制度、安全设施台账、巡检记录,明确专人管理,按安全制度体系的要求布置和规范使用安全设施、设备,定期维护保养。安全设施、设备与生产发生矛盾需临时拆除的应由班组长提出,经安全主管部门或相应主管部门审批后执行;安全主管部门负责安全设施、设备的监督检查;经试验或修理后达不到保障安全作用的或转运、修理费用已经超过重新采购或制造价格的可作报废处理;临时性生产作业结束后,符合使用要求的安全设施、设备可转到其他部门使用。安全主管部门有权对所有安全设施设备的运行情况进行定期检查考核。

(7)消防管理。矿山企业要建立消防机构,明确消防责任人,制定消防管理制度,建立、健全各类记录和台账。消防设施包括消防泵、消防栓、消防水管道、水龙头、水枪、各类灭火器、防火墙、安全通道、喷淋冷却装置、消防锹、水桶、砂箱、阻火器及消防标识等。企业及各部门要配备符合要求的消防设施,定期进行业务学习和消防演练。消防设施的挪用、拆除、停用、报废必须报请本企业安委会批准。

(8)车辆驾驶管理。车辆管理部门结合交通法制定本部门的交通安全管理制度,建立管理考核台账,要定期对车辆驾驶员进行专业知识培训。

第六节　职工职业健康及劳动保护

一、职业健康的基本要求

职业健康的基本要求有:

(1)企业应根据"企业负责、行业管理、国家监察、群众监督"的国家安全生产管理体制和国家劳动保护法律法规的有关规定,建立安全生产领导小组;企业及各部门根据国家、地方及有关规定建立工会组织。

(2)企业要依据企业职业健康安全管理方针、目标并结合企业实际情况制定出自己的目标及管理方案;各部门应对职工进行职业健康安全知识的教育培训,使其认真履行各自岗位职责规定的职业健康安全责任。

(3)职工及其代表有权参与职业健康安全管理体系的各项活动,并享有以下权力:参与职业健康工作方针和程序的制订、实施和评审;参与影响作业场所人员职业安全健康的任何变化的讨论;参与有关职业安全健康的事务;通过各种形式了解职业安全健康职工代表和职业安全健康管理者代表,并可在职业安全健康等方面与他们进行沟通和协商;企业根据相关规定每年组织职工进行体检;各部门对从事有毒有害作业及特种作业人员必须按相关规定,组织其到指定的医院进行职业病预防体检;各部门根据国家、地方的有关规定及企业安全管理方针在企业范围内对可能引起职业病危害工种、作业场所加以监控,杜绝职业病的发生;做好女职工的"五期"保护工作,严格贯彻劳动部颁发的《女职工禁忌劳动范围的规定》和当地政府的相关规定。

(4)现场作业的职业健康管理。企业必须对职工进行遵守劳动纪律的教育,使其在生产过程中坚持安全生产、文明施工,做到不伤害自己、不伤害他人、也不被他人伤害;应在施工组织设计中采取一切适当预防措施保证所有工作现场安全可靠,不存在可能危及职工职业健康安全的风险;在职工进入施工现场前必须按劳保用品管理规定发放劳动防护用品和用具,提醒职工正确使用和维护安全防护用品;应为职工提供必要的工间休息设施,如就餐、更衣、卫生、盥洗设备;对炊事人员必须进行健康体检,并办理健康证后上岗;对查出有职业禁忌症的职工,应令其离岗并妥善安排。

二、劳动防护用品的使用及管理要求

(一)劳动保护用品的分类

劳动保护用品按用途可分为下列两大类:一是普通劳动保护用品类:包括布制鞋帽、服装、手套、肥皂、毛巾等;

二是特种劳动防护用品类,具体包括:

(1)安全防护用品类:包括各种防护镜类、电焊面罩、耐酸碱工作服及鞋类、耐酸耐油手套等;

(2)防尘防毒用品类:包括复简式防尘口罩、送风口罩头盔、头罩式防毒面具、氧气呼吸器、自救器、连衣防毒服等;

(3)特需防护用品类:包括安全帽、安全带、安全绳、安全网、防坠器等。

(二)劳动保护用品的保管

劳动保护用品的保管应符合有关规定,做到防潮、防霉、防蛀、防变质;做到账、卡、物相符,进货台账与发放账目保存完备,能随时提供检查。

（三）劳动保护用品的发放

企业各部门均设立劳保用品库,为职工办理劳保用品的发放工作,职工在领用时,应仔细核对所需用品的规格、数量及质量情况,发现问题及时提出,便于更换。

（四）劳动保护用品的使用和维护

1. 防冲击用品(包括安全帽、防护镜、防砸鞋等)

在使用前应检查部件有无损坏,装配是否牢固,安全帽的帽衬调节部位是否卡紧,帽衬与帽壳插脚是否插牢,缓冲绳带是否结紧,帽衬顶端与帽壳内面是否留有不小于 25～50mm 的垂直缓冲距离,距侧面应有不小于 5～20mm 水平间距。

安全帽应佩戴牢固,系紧拴带,避免低头干活或活动时脱落;安全帽使用年限一般为三年,在使用时,凡经受较大冲击的应立即停止使用;平时要爱护安全帽,避免磨损,以免减少使用寿命;用后发现脏污,应用肥皂水清洗,在通风阴凉处晾干,并远离热源。

防护镜、眼罩要避免挤压受损。防砸鞋应避免水湿,忌用火烤。

2. 防坠落用品(包括安全带、安全绳、安全网、防坠器等)

每次使用前应做一次外观检查,发现绳无保护套、磨损、断股、变质等情况应停止使用;安全带、绳在使用时应将钩、环挂牢,卡子扣紧;安全带应高挂低用,其次应平行拴挂,切忌低挂高用;安全网使用时应将四周的每根甩头绳拴紧拴牢,并做到松紧一致;使用中应避开尖刺、钉子物体,不得接触明火或酸碱化学物质;受过冲击的安全绳,应更新后再使用,绳套破损后应及时修补或更换;用品应经常保持清洁,弄脏后,应用温水及肥皂清洗,在阴凉处晾干,不可用热水浸泡或日晒火烤;用品使用完毕后应将安全带、绳卷成盘,安全网折叠整齐,放置干燥的架上或吊挂起来,不要接触潮湿的墙壁,不宜放在日晒的场所,在金属配件上可涂机油或工业凡士林,以免生锈。

3. 防触电用品(包括绝缘手套、绝缘鞋、绝缘靴、绝缘垫、毡、毯等)

应根据电压等级高低选用绝缘用品,不得越级使用,以免击穿,造成事故,并应根据各种绝缘用品的说明书规定正确使用,不得任意乱用。

绝缘手套和鞋、靴在使用前应仔细进行外观检查,发现有任何超过规定的缺陷,不得使用。如有尘埃或浸渍其他污物,应清洗干净并完全干燥后方可使用。

绝缘手套的使用方法,应将上衣袖口套入手套筒口内,另外在外面罩上一副纱、布或皮革手套,以免胶面受损,手套的长度不得超过绝缘手套的腕部。使用绝缘靴应将裤管套入靴筒内,穿用绝缘鞋时,裤管不宜长及鞋底外沿条高度,更不能长及地面,并应保持鞋帮干燥。

橡胶制品不可与酸碱油类物质接触,应防止尖锐物刺伤。用毕应清洗干净,晾干后妥善保管。手套可撒滑石粉,并防止受压。

为保证安全,绝缘用品应定期作耐电压强度复验,复验不合格的应停止用于防触电。

低压绝缘鞋、靴的绝缘性能标记,以大底花纹磨光,内部露出黄色光面胶(即绝缘层)时,为绝缘失效,不能再用于防触电。

4. 防尘防毒用品(包括复简式防尘口罩、送风头盔、防尘衣、头罩式防毒面具、氧气呼吸器、连衣防毒服、带面罩防毒服、防毒手套、防沥青面罩等)

使用前应检查部件是否完整,如有损坏,应及时修理或更换。各部件连接处要严密,特别是送风口罩或面罩,应检查管路、接头是否畅通,调节装置是否灵敏。

佩戴位置要正确,系带或头箍要调节适度,对颜面无严重压迫感,否则会影响活动,并容易造成侧漏。

防砂面罩的眼窗玻璃应有备用件,破碎或被砂粒打毛后,及时更换。

防尘防毒用品使用前应检查是否破损、密封,否则起不到防尘作用。使用防毒面具,应严格遵守使用规则,使用前,应确认使用范围,检查面具的质量,并做好消毒灭菌后正确佩戴,使用中,遇到故障应及时进行处理,使用完毕应妥善保养。

5. 防噪声用品(包括各种耳塞、耳罩,防噪声帽等)

佩带各种耳塞时,应先将耳廓向上提起,使外耳道口呈平直状态,然后手持塞柄,将塞帽部分轻轻推入外耳道内,使它与耳道贴合,但不应用力太猛或塞得太深,以感觉适度为宜。

使用耳罩及防噪声帽前,应先检查罩壳有无裂纹和漏气现象,佩戴时应注意罩壳标记,顺着耳型戴好,将弓架压在头顶适当位置,以使耳罩软垫圈与周围皮肤贴合,如不合适,应移动弓架或帽盔,调整到适度为止。

进入噪声区前,应先将耳塞或耳罩、防噪声帽戴好,出来后方能摘下。工作中途不应随意摘除,以免震伤耳膜。休息时或出来后,应到安静处摘除护耳器,让听觉逐渐恢复。

6. 防高温辐射用品、防酸碱用品(包括隔热、防火服装,白帆布服装、石棉服装等,防热面罩、电焊面罩等,防护镜片、电焊镜片、防紫外线眼镜等及耐酸碱工作服、防酸面罩、防酸口罩等)

白帆布服装应注意防潮,受潮后,容易泛黄变花。使用后应洗净,尽量保持白色,以免降低反射功能。工作时应避免与易燃液体接触。以防吸附后进入高温区域发生危险。

石棉服装应尽量避免直接接触火焰及接触锐利金属物体,以免割破。忌重压,以免折断纤维造成破损。使用时还应注意防止石棉纤维尘吸入呼吸道。

橡胶和合成纤维织物应避免接触油类,涤纶耐酸服接触油污再遇碱以后,易脏且易破裂。塑料和合成纤维织物忌高温、日晒,还应避免与有机溶剂接触,在兼有明火、电弧烧烫危险的场所,禁用合成纤维织物。

各种防酸碱用品都要避免与锐利物接触,以免割刺破裂。

(五)特需劳动防护用品的报废

为确保生产的安全,对特需防护用品应加强重点监督和管理。安全员应巡视作业现场检查特需防护用品的使用状态,发现问题及时向有关人员报告。一般特需防护用品的报废状态有:霉烂变质、已超使用期限、失效、更新。特需防护用品的报废申请由使用单位(班组)提出,经安全管理人员确认,给予调换或提出处理意见后调换。

第七节　安全管理体系与外部监管的接口管理

一、建立外部接口管理与控制的必要性

在企业的安全生产日常运行中,企业与外部关于安全管理的联系越来越多,相应与外部沟通的人员增多和组织机构扩大,在成规模的企业里,几乎每一项安全生产和管理工作都离不开外部的协作与管理,因此,企业与外部之间的工作接口也变得越来越重要,接口的流畅与否已经直接关系到企业的安全管理和安全工作绩效。

在企业的安全管理工作中,安全管理部门与外部之间,有些事情的处理往往因为接口不清而消耗掉大量宝贵的时间,甚至造成安全事故隐患,这种现象大量存在。这在一定层次上带来了企业安全工作效率低下,职工士气涣散等安全管理问题。

外部接口管理应包含以下内容,如明确职责、明确工作流程等,但实际操作中,总是不尽如人意,往往不是职责不够清楚,就是工作流程缺乏操作性,有时,甚至写在书面的职责和流程根本就得不到有效执行,在实际管理中为了有效实施接口管理要注意以下几方面:

(1)在企业级层面上,应根据企业规模的大小,设立外部接口管理职能部门主管相关外部接口事务,并直接对企业最高领导负责,其工作职责应包括:组织架构的合理设立,各部门外部接口工作职责的合理制定以及各部门工作绩效的评估等;应被授予其相当的部门协调权和奖惩权,以确保其工作开展顺利。

(2)进行组织架构设计。在组织架构设计时,应尽量考虑使其扁平化,即安全组织结构层次尽可能少。扁平化将使企业与外部的接口减少而且趋于简单,同时,有利于人力资源成本的下降和

工作效率的提高,从而使企业安全管理工作得到提高。

（3）针对各主要工作流程应制定出详细的工作流程图,制定出各部门的工作权责,并使之标准化。制订工作流程和部门权责时,尤其注意应采取自下而上的方式进行,各部门应首先提出本部门的工作流程和工作权责要求,然后,将其统一汇总至外部接口管理职能部门处,由外部接口管理职能部门统一审核并将各部门意见协调一致后报最高管理者批准。外部接口管理职能部门应注意各部门的工作职责和权限应覆盖到工作流程中所要求的所有要素。

（4）在所有主要工作流程和工作权责得到确认后,安全专职部门应建立执行状况的反馈机制（即工作绩效评估制度）以及有效的沟通机制,使得执行情况随时得到协调和监控,以确保其得到有效实施和根据需要进行适当的修订和增减。

（5）组织架构、工作流程、工作权责制订完成后,外部接口管理职能部门应定期进行重新评定,以确保其有效,从而真正对安全管理工作的实际运作产生积极效果。

（6）相关负责人在制订工作目标和工作计划时,应考虑将接口方式理顺并明确责任人。

（7）工作流程和工作权责得到确认后,应培训相关人员,要求其在工作过程中,严格按照工作流程进行作业（以执行状况的反馈机制来制约）,防止出现越权、工作推诿等现象。

外部接口管理是企业安全管理体系中的重要部分,外部接口管理的好坏直接关系到企业的安全管理绩效,外部接口管理应引起相当的重视。

二、外部接口管理组织架构

外部接口管理职能部门负责与外部全面的接口管理工作,企业各职能机构应负责其职能范围内的外部接口管理事务。外联部门负责处理认证机构提出的关于安全管理的意见和要求以及国家、地方、行业、上级的关于企业安全管理和安全生产要求,并负责向安全行政管理部门反馈企业安全管理和安全生产处置信息；法制宣传部门负责处理国家、地方、行业、上级有关企业安全管理和安全生产的有关法律法规；信息监测部门负责处理质量、环境、安全行政管理部门有关安全管理和安全生产的监测数据、报告信息；企业宣传部门负责通过多种媒体向社会展示安全管理体系运行的绩效，并向供应方明确企业安全管理方面的有关要求；紧急救援体系负责保持在紧急情况时与有关部门的联系，如消防、治安、救护；资产管理部门负责向企业安全物资供应商说明企业接受其产品、服务的有关规定并在规定变更时及时通知。组织框架及工作权责如图7-9所示。

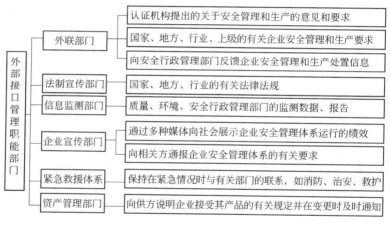

图7-9 外部接口管理组织框架及工作权责

企业和外部安全管理的接口管理控制是为了建立和规范外部接口管理，规范安全管理体系的信息交流，确保外部信息在企业内部不同的层次和职能之间、企业与顾客之间、企业与外部其他相关方之间进行有效的沟通，确保安全管理体系的有效运行。

三、外部接口的信息管理

(一)外部接口管理流程
外部接口管理流程如图7-10所示。

144

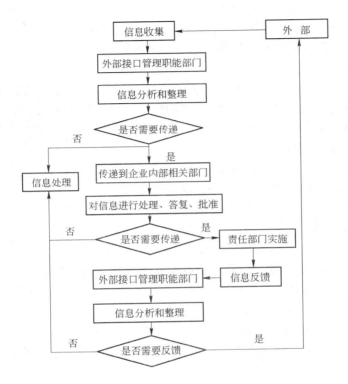

图 7-10　外部接口管理流程

（二）工作的主要方式

工作可以采用多种方式，如通过会议、电话、传真、电报、电视、计算机网络、文件、通知、联系单、口头协商与交流、板报、内部通讯、本月动态以及其他可利用的通讯和宣传工具等方式进行。沟通与协商以有效为原则。重要信息的沟通与协商，宜采用书面文件方式进行。

（三）信息交流的内容和渠道

信息交流的内容和渠道有：

（1）企业最高管理者负责确保建立外部接口管理职能机构，

确保与外部信息沟通及时、渠道畅通,确保安全管理体系的有效性,促进企业内部各层次和职能部门间的质量、安全信息交流;同时,外部接口管理职能机构负责管理企业各职能部门与外部联络,并记录相关信息。

(2)沟通与信息交流的基本内容。包括:接受安全生产管理相关外部法律、法规及行政文件的变动;与外部监管机构取得必要联系;接受外部安全生产监督;向外部相关方发布的企业安全管理的要求、信息及其变化等。

(3)沟通与协商的实施。各类安全要求和信息的传递与沟通应主动、及时、准确,保证与安全信息有关的各方能在有效的时间内获得充分的相关信息,并协商解决。重要信息的沟通与协商,应形成记录。

(四)沟通与协商效果检查

企业、各职能部门和单位的负责人应对其部门的有关信息及要求的沟通情况进行检查,对相关方提出的要求、意见和投诉是否及时采取了相应的措施,并进行了答复。

体系运行部通过内审、过程的监视和测量等形式,检查企业各单位和部门的内部沟通情况及与相关方的沟通情况,对存在的问题及时提出整改意见。

(五)接口管理的记录要求

在外部沟通与协商过程中,有关安全的重要信息应形成记录,其中包括:

(1)与相关方的沟通记录由进行沟通的职能部门填写并保存;

(2)对安全物资供方的检查和评价记录,由职能部门形成并保存;

(3)重要安全文件和报告的分发、传阅记录(由文件发布、传阅部门编制并保存);

(4)重要安全会议纪要、会议记录(由会议主办部门编写与保存)等。

四、安全法律法规及外部要求获取更新

获取、识别、更新适用于企业安全管理体系的法律、法规和标准等是安全管理体系与外部信息交流的核心内容,外部接口职能机构的一个重要职责就是确定适用于企业安全管理体系的法律、法规、标准和其他应遵守的要求及获取渠道,保证相关人员及时获取并得到最新的法律、法规及其他应遵守的要求。

(一)法律、法规和标准等的获取途径

法律、法规和标准等的获取途径主要有:

(1)通过报刊、书籍等公共出版物,以及互联网和各级政府部门等渠道及时获取适用于企业的法律、法规、条例、规定、办法、细则和标准等。

(2)矿山行业的法律、法规等,通过国家安全监察部和国家矿山企业(包括地方的安全监察部门、矿山企业)及其出版的报刊、书籍、互联网等渠道获取。

(3)各职能部门负责收集与本部门工作有关的地方性法规,并及时传递给档案室。

(二)法律、法规等的识别、更新和发布

(1)档案室对于新获得的法律、法规订单应及时与安全监察部沟通,安全监察部负责与相关职能部门识别其适用性和有效性。

(2)企业各部门、单位对于获得的法律、法规等,应确定其适用性和有效性,并及时与安全监察部沟通,建立需求清单,上报安全监察部。

(3)安全管理部门应制定适用于企业的安全管理的法律、法规等文件的总清单,经相应权限的管理者批准后以适当的方式(如计算机网络)予以公布,及时发布有关法律、法规等的新增、代替、废止方面的信息,并将信息及时与有关单位、部门沟通。

(4)企业各部门、单位应根据企业的总清单,建立各自分管职能的有关安全管理体系法律、法规及其他要求的文件的清单,及时收集、识别、更新适用的安全管理法律、法规及其他要求,并将有关

信息及时报安全管理部门。

（5）档案室根据有关法律、法规等的新增、代替、废止方面的信息，及时与有关方面联系，订购，将文本分发给有关部门、单位、项目。

（6）安全管理部门应定期组织安全管理法律、法规和标准等的适宜性、有效性评审，确定、更新企业适用的安全管理的法律、法规等文件的总清单（必要时，可将两份清单合并），并及时分发到企业各部门、单位。

五、外部接口的控制与改进

（一）外部接口的控制管理内容

接口控制就是要控制接口时间、进度、岗位、方式，做到接口网络控制横向到边，纵向到底，责任到位，有据可查，重要接口应具有可追溯性。接口控制的基本要求有：

（1）规定接口各环节之间接收和传递信息时间、进程、职责、归口管理部门、传递方式、保存方法。

（2）对来自生产、经营、管理过程中关键环节的信息和人员应建立受控渠道，使其具有可追溯性。

（3）在众多的接口中，要抓好对安全管理监督范围大，敏感性强，影响深的接口，对双方的配合进度、质量要求做出明确规定。

（二）外部接口控制管理的基本要求

外部接口控制管理的基本要求有：

（1）要识别接口，明确接口涉及单位和人员的职责和权限。上一环节对所提供的信息、文件、资料有效性负责；下一环节应审查所提供的资源是否合格，对含糊或矛盾的地方，必须解决后再接收；对重要的、常发生问题的接口，在相关的作业文件中做出明确规定。

（2）减少接口，减少管理层次，简化管理工作，压缩接口数量，是保证接口质量的基础。管理层次和部门越多，接口质量越容易出现问题，安全管理也应采用立交桥方式避免交叉路口故障，通过精简机构,合理分配职能,提高管理的有效性。

（3）实施归口管理。对安全管理体系某个要素由两个以上部门负责组织实施的,要统一归口为主要单位负责组织实施,既减少接口又使主管部门没有依赖因素,能够提前介入接口工作。提前介入的目的在于了解现状,提出对策,缩短接口时间,提高工效。

（4）专人管理,一些重要接口和重大项目的接口,为了确保不出差错,必须安排专人管理。该人有协调、检查、监督、仲裁处理等权力。

（5）定期监督和检查重点接口管理情况,不断完善接口管理。将接口管理纳入安全管理体系内审工作,作为内审的重点检查内容之一,发现问题,及时制定纠正措施,使接口管理不断完善。

（6）制定接口管理工作文件。根据审核结果、安全管理记录等信息来源,制定出各类接口的技术保证措施,作为接口工作的作业指导文件,避免常见的问题反复发生。

六、外部接口的信息化建设

外部接口信息化是保证准确传递要求、意见、互提资料等的工作手段。外部接口管理系统信息化体现了安全管理工作的技术能力和信息占用能力的水平。

实现外部接口管理的信息化,应由接口管理机构编制本机构的系统管理软件和独立的数据管理系统。外部接口管理的流程应适应已存在的安全管理模式,能调动参与各方的积极性,通过接口的信息化保证联系畅通。

实现外部接口信息化建设的一个重要途径就是建立健全外部接口管理数据系统,该系统应具备如下功能:

（1）根据接口的分类,建立按接口分类以数据库为基础的统一电子仓库,安全高效地对各类文档（如公文、函件、协议、要求）实现存储、创建、访问权限控制等操作,提供查阅分类创建文档等的编码,并按文档编码进行文档分类。对文档管理提供系统规定的共享机制,从而有效地减少查阅信息所花费的时间,保证数据的准确性、一致性和安全性。

（2）通过接口结构访问接口数据,以直观的图或其他方式展现各类接口的树状层次结构。

（3）接口的过程管理主要是工作流程管理。

（4）人员管理是对每个接口的执行者进行管理,对每个接口的执行情况进行登录和存档。

第八章 生产过程中危险源的
识别与控制

矿山企业的安全生产运行机制重点是对安全生产过程中的危险源的识别与控制,本章重点结合矿山企业主要安全生产过程,对危险源进行一般性的总结与论述。

安全隐患识别是指对每一项生产活动,首先应对系统存在的危险性类别、出现条件、导致的后果做一个预先分析,识别出可能的危险因素及其危害程度,确定重大危险因素,以便采取措施对重大危险因素进行控制预防。识别危险源和安全隐患的目的在于通过事前分析尽量防止采用不安全的技术路线,使用危险性的物质、工艺和设备,避免由于考虑不周而造成的损失。识别的重点应围绕着主要生产过程中存在的主要危险环节进行,在识别主要安全生产过程的基础上,通过有效的过程管理实现对危险源的控制。通过危险源的辨识,可以提前采取措施进行防范,从而比较经济地确保系统的安全性。

第一节 危险源识别的一般方法

一、危险源识别的一般原则

危险源识别的一般原则为:

(1) 合法性原则。应适用于法律、法规和其他要求对安全管理的有关规定。

(2) 时效性原则。危险源识别、风险评价应具体在特定的时间范围内。

(3) 有限范围原则。危险源辨识、风险评价应具体在特定的范围内进行。

（4）方法的科学性原则。采用的方法应体现科学性、系统性、综合性和适应性。

（5）适宜性原则。危险源辨识、风险评价应在不同环境和不同背景下灵活进行，如发生事故应对风险等级重新进行评价。

（6）预防性原则。依据生产过程开展的范围、性质和时间安排，有针对性地选取相应的方法，以确定该方法能预先、充分地进行危险源辨识和风险评价。

（7）输出性原则。危险源辨识和风险评价的实施，应能从控制人和物两大方面提供充分明确的人员培训需求，确定设备需求及建立运行控制提供相应的信息。

（8）真实性原则。危害辨识和风险评价所需要的信息必须真实、可靠。

二、危险源识别的适用范围

危险源识别范围应覆盖矿山企业生产经营服务及管理活动的全过程。具体包括：

（1）所有的生产、经营过程。

（2）新建、扩建、改建生产设施，采用新工艺的实施及管理服务中的预先危害因素识别。

（3）在用设备或运行系统的危害因素识别。

（4）退役、报废系统或有害废弃物质的危害因素识别。

（5）化学危险品危害因素的识别。

（6）工作人员（包括外来人员）进入作业场所各种危害因素的识别。

（7）外部提供产品、服务中危害因素的识别。

三、危险源的分类

按时间分类，包括过去、现在、将来三种时态，即过去遗留下来的风险因素,现有的活动存在的风险因素以及计划中的活动或服务中可能产生的风险因素。

按严重程度分类,包括正常、异常、紧急情况,正常情况是指正常生产或工作状态;异常情况是指在生产活动试运行、停开工、检修以及发生故障时的情况;紧急情况是指火灾、爆炸等不可预见何时发生,可能带来的重大风险的情况。

按照危害类型分类,可划分为:机械危害,指造成人体挫伤、扎伤、压伤、倒塌压埋伤、割伤擦伤、刺伤、骨折、撕脱伤、扭伤、切割伤、冲击伤等危害;物理危害,指造成人体辐射操作、冻伤、烧伤、烫伤、中暑等危害;生物性危害,指病毒、有害细菌、真菌等生物对人体造成的发病、感染等危害;人机工程危害,指不适宜的作业方式、作息时间、作业环境等引起的人体过度疲劳危害;化学危害,指各种有毒有害化学品的挥发、泄漏所造成的人员伤害及设备损坏等危害;行为性危害,指不遵守安全法律法规,违章指挥、违章作业、违反劳动纪律所造成的人员伤害、设备损坏等危害。

四、常见的危险源识别方法

危险源辨识可单独或联合使用下列方法:

(1)安全检查表法或调查表法。根据检查或调查的需要设计表格,以提问题或现场勘察等方式确定检查项目的状况,并将检查或调查的结果填到表格相应的项目上。

(2)预先危害因素识别法。在新工艺、新设备、新系统使用前,对可能存在的危害因素的类别、危害产生的条件、事故后果等预先进行系统分析。

(3)现场观察法。对作业活动、设备运行或系统活动进行现场观测,分析人员、工艺、设备运转存在的危害因素。

(4)座谈法。召集有关安全管理人员、专业人员、生产管理人员和操作人员,讨论分析作业活动或设备运行过程中存在的危害因素。

五、危险源识别的一般步骤

危险源识别的一般步骤为:

(1)调查、确定危险源。调查、了解和收集过去的经验和同类生产中发生过的事故情况。确定危险源并进行分类。危险源的确定可通过经验判断、技术判断或安全检查表等方法进行。

(2)识别危险转化条件。识别危险因素转化为危险状态的触发条件和危险状态转变为事故的必要条件。

(3)进行危险分级。危险分级的目的是确定危险程度,提出应重点控制的危险源。危险等级可分为以下四个级别:Ⅰ级,可忽视的,不会造成人员伤害和系统损坏;Ⅱ级,临界的,能降低系统的性能或损坏设备,但不会造成人员伤害,能采取措施消除和控制危险的发生;Ⅲ级,危险的,能造成人员伤害和主要系统的损坏;Ⅳ级,灾难性的,能造成人员死亡、重伤以及系统严重损坏。

(4)制定危险预防措施。从人、物、环境和管理等方面采取措施,防止事故发生。

第二节　矿山企业主要安全生产过程的策划

以下仅结合部分矿山企业安全管理实践,对代表性的主要安全生产过程进行识别与策划,为危险源的识别与控制提供管理基础。

一、矿井开采过程

安全管理部门在矿井开采安全管理的职责包括:负责对各单位的开采工作进行管理和监督;负责组织安全检查工作;负责对违反规定的行为进行处理;执行国家、企业及部门的相关管理规定;进行安全教育,提高安全意识。

矿井开采过程涉及的一般安全管理要求有:矿山必须建立出入矿井的挂牌考勤制度;每个矿井至少有两个独立的能行人的直

达地面的安全出口;每个矿井有独立的采用机械通风的通风系统,保证井下作业场所有足够的风量;井巷断面能满足行人、运输、通风和安全设施、设备的安装、维修及施工需要;确定合理有计划的开采顺序;井巷支护和采场顶板管理能保证作业场所的安全;露天矿山阶段高度、平台宽度和边坡角能满足安全作业和边坡稳定的需要;有地面和井下的防水、排水系统,有防止地表水泄入井下和露天采场的措施;溜矿井有防止和处理堵塞的安全措施;在有自然发火可能性的矿井,主要运输巷道布置在岩层或者不易自然发火的矿层内,并采用预防性灌浆或者其他有效的预防自然发火的措施;矿山地面消防设施符合国家有关消防的规定;矿井有防灭火设施和器材;地面及井下供配电系统符合国家有关规定;每个矿井有防尘供水系统;有瓦斯、矿尘爆炸可能性的矿井,采用防爆电器设备,并采取防尘和隔爆措施;开采放射性矿物的矿井,矿井进风量和风质能满足降氡的需要,避免串联通风和污风循环;每个矿井配置足够数量的通风检测仪表和有毒有害气体与井下环境检测仪器;采掘作业应当编制作业规程,规定保证作业人员安全的技术措施和组织措施,并在情况变化时及时予以修改和补充;矿山开采应使用符合安全要求的设备;矿山开采应具备齐全的图纸资料;井下采掘作业,必须按照作业规程的规定管理顶帮;有自然发火可能性的矿井,应通过及时清出采场浮矿和其他可燃物质等方法预防自然发火等。

二、矿井通风防尘过程

对矿井通风防尘的有效管理有利于促进安全生产建设的发展,防止职业病的发生。尘土的来源有凿岩、爆破、装运、溜矿井装放矿、井下破碎硐室、锚喷支护等,可采用措施是湿式凿岩、岩浆防护罩;水封爆破、通风;喷雾、密封净化;设计措施;密闭、抽尘、净化、通风;改干料为湿料、通风。对于含尘气体常用的净化方法有:旋风分离器除尘法、布袋除尘器除尘法、湿式收尘器除尘法、电除尘器除尘法。目前普遍使用的是布袋除尘器除尘法。

安全管理部门应设立通风防尘专业机构,负责通风防尘的安全管理,具体包括:负责对各单位的通风防尘工作进行管理和监督;负责组织通风防尘检查工作;负责对违反通风防尘规定的行为进行处理;执行国家、企业及部门的有关通风防尘的管理规定;教育本单位职工,提高安全意识。

通风防尘过程的一般安全管理要求有:应建立、健全通风防尘专业机构;安全专职机构和通风防尘专业机构的负责人,必须经过专业培训;对地面、井下产生粉尘的作业,应当采取综合防尘措施,控制粉尘危害;矿山企业场所空气中的有毒有害物质的浓度,不得超过国家标准或者行业标准;井下风量、风质、风速和作业环境的气候,必须符合矿山安全规程的规定等。

三、安全供电过程

为加强电气使用过程的控制,预防触电事故的发生,保证电气设备的安全运行,矿山企业应对生产用电的全过程进行监控,其中,企业电管部门负责审批电气维护部门提出的生产电源设计方案及各生产单位生产用电,并在必要时,组织相关部门研究生产电源的规划、设计和布置,协调用电管理职能部门及各用电单位之间的相互关系。

安全部门在生产用电方面的管理职责有:(1)负责对各用电单位的安全用电进行管理和监督;(2)组织安全用电检查工作;(3)负责对违反安全用电的行为进行处理。电气维护部门的职责有:(1)负责组织整个生产电源的设计、布置及维护;(2)协调各用电单位之间的用电联系;(3)对各生产单位和部门的用电监察;(4)配合管理部门与供电部门的联系,以及对生产供电系统的调度。用电部门的职责有:(1)执行企业及部门的有关安全用电管理规定;(2)组织有关人员对本单位的临时生产电源及用电设备进行检查,保证各种电气设备安全可靠运行;(3)教育本单位职工,提高安全用电的意识;(4)负责各自仓库、工具库房的用电管理。

156

安全用电管理的一般要求有:电气人员进行操作时,应穿戴和使用防护用具。修理电气设备和线路的作业,应由电气工作人员进行;在输电线路带电作业时,必须遵守严格的安全操作规定;井下各级配电应遵守限定的电压要求;由地面到井下中央变电所或主水泵房的电源电缆,至少应敷设两条线路,且任何一条电缆发生故障,均应保证原有送电能力;井下电气设备禁止接零;向井下供电的断路器和井下中央变配电所各回路断路器,禁止安设自动重合闸装置;每一矿井必须备有地面、井下配电系统图,井下电气设备布置图,电力、电话、信号、电机车等线路平面图等。

四、提升与运输过程

提升与运输过程是矿山企业的核心作业过程,强化提升与运输的全过程管理对于控制、预防安全事故的发生具有重大意义。安全管理部门的基本职责包括:负责对各单位的提升与运输工作进行管理和监督;负责组织安全检查工作;负责对违反规定的行为进行处理;执行国家、企业及部门的相关管理规定;进行安全教育,提高安全意识等。

一般而言,提升与运输过程事故多是由于人员分散、提升任务重、升降频繁以及信号管理员、卷扬司机操作水平不同等造成,其常见事故原因有违章指挥、违章操作、安全管理不到位和安全投入不到位等。

提升与运输过程的一般要求有:矿山提升运输设备、装置及设施必须符合规定;提升装置必须设置相应的合格保险装置;加强设备检修,提高检修质量,严把检修质量验收关;加强监督检查,坚持班前的检查试验和设备定期的性能测试工作;加强职工技术培训,提高职工的整体素质;建立健全各种规章制度和各种检查、维修、运行记录,做到管理到位、责任到位,保障设备的正常运转等。

五、爆破过程的安全管理要求

企业安全管理部门应设有爆破工作领导人、爆破工程技术人员、爆破段(班)长、爆破员和爆破器材库主任,凡从事爆破工作的人员,都必须经过培训,考试合格并持有合格证。爆破领导人的职责为:主持制定爆破工程的全面工作计划,并负责实施;组织爆破业务,爆破安全的培训工作和审查,考核爆破工作人员与爆破器材库管理人员;监督本单位爆破工作人员执行安全规章制度,组织领导安全检查;组织领导重大爆破工程的设计、施工和总结工作;主持制定重大或特殊爆破工程的安全操作细则及相应的管理条例;参加本单位爆破事故的调查和处理。爆破员的职责为:保管所领取的爆破器材,不得遗失或转交他人,不准擅自销毁和挪作他用;按照爆破指令单和爆破设计规定进行爆破作业;爆破后检查工作面,发现盲炮和其他不安全因素应及时上报或处理;爆破结束后,将剩余的爆破器材如数及时交回爆破器材库。

爆破作业的基本安全规定有:露天、地下、水下和其他爆破,必须按审批的爆破设计书或爆破说明书进行;在城镇居民区、风景名胜区、重点文物保护区和重要设施附近进行爆破,须经有关部门批准;大爆破应有现场指挥;禁止进行爆破器材加工和爆破作业的人员穿化纤衣服;有冒顶或边坡滑落危险、支护规格与支护说明书的规定有较大出入或工作面支护损坏、通道不安全或通道阻塞、爆破参数或施工质量不符合设计要求、危险区边界上未设警戒、光线不足或无照明等情形禁止爆破;禁止拔出或硬拉起爆药包或药柱中的导火索、导爆索、导爆管或电雷管脚线;地下爆破作业点的有毒气体的浓度不得超过相关规定的标准;爆破警戒与信号设置符合安全要求;爆破后,爆破员必须按规定的等待时间进入爆破地点;盲炮处理应符合安全要求;必须用导火索或专用点火器材点火;爆破器材的安全运输、装卸、出入库及销毁应有严格的安全管理规定。

六、防水过程的安全管理

地面防水的安全管理要求有:清楚知晓矿区及其附近地表水流系统和受水面积、河流沟渠汇水情况、疏水能力、积水区和水利工程情况,以及当地日最大降雨量、历年最高洪水位,并结合矿区特点建立和健全防水、排水系统;每年雨期前一季度,应组织一次防水检查,并编制防水计划;矿区及其附近积水或雨水有可能侵入井下时,必须根据具体情况,采取对应措施等。

井下防水的安全管理要求有:必须调查核实矿区范围内的积水区、含水层、岩溶带、地质构造等详细情况,填绘矿区水文地质图;在积水的旧井巷、老采区、江、河等附近开采,应留出防水矿柱或划出安全地段,制订预防突然涌水的安全措施;水文地质条件复杂的矿山,必须坚持"有疑必探,先探后掘"的原则进行开采;相邻的矿井或矿块,如其中一个有涌水危险,则应在矿井或矿块间留出隔离安全矿柱,矿柱尺寸由设计规定;在掘进工作面或其他地点发现透水预兆,必须立即停止工作,并报告主管矿长,采取措施。如情况紧急,必须立即发出警报,撤出所有受水威胁地点的人员等。

七、防火与灭火过程

起火的条件是存在明火、静电,氧气存在,有可燃物,防火的措施重点是防范明火引起的火灾,规范焊接切割作业,严格执行爆破作业要求,编制年度防火计划。常用灭火方法有直接灭火法、隔绝灭火法、联合灭火法。

防火与灭火的一般规定有:应按照国家颁布的有关防火规定和当地消防机关的要求,对建筑物、材料场和仓库等建立防火制度,采取防火措施,备足消防器材;矿山地面必须结合生活供水管道设计地面消防水管系统,井下必须结合湿式作业供水管道设计井下消防水管系统;主要进风坑道、进风井筒、井架和井口建筑物、主要扇风机房和压入式辅助扇风机房、风硐及暖风风道、井下电机室、机修室、变压器室、变电所、电机车库、炸药库和油类库等,均应用不燃性材料建筑,室内应有醒目的标志和防火注意事项,并配备相应的灭火器材;井下各种油类应单独存放;禁止用火炉或明火直接加热井内空气,或用明火烤热井口冻结的管道;在井下或井口建筑物内进行焊接工作,应制定经主管矿长批准的防火措施;每年应编制矿井防火计划,并报主管部门批准;矿山应规定专门的火灾信号,井下发生火灾时应能通知各工作地点的所有人员及时撤离危险区;井下输电线路和直流回馈线路通过木质井框、井架和易燃材料的部位,必须采取有效的防止漏电或短路的措施。严禁将易燃易爆器材存放在电缆接头、铁道接头或接地极附近,以免因电火花引起火灾等。

第三节　煤矿企业常见的危险源

以下主要以煤矿企业为例进行一般性说明。

一、矿井有害气体

(一)二氧化碳(CO_2)

二氧化碳对人的呼吸有刺激作用,当空气中二氧化碳浓度过高时,会使人中毒或窒息。其来源有:有机物的氧化及人员呼吸;煤和岩石的缓慢氧化,以及矿井水与碳酸性岩石的分解作用;爆破工作、矿内火灾、煤炭自燃以及瓦斯、煤尘爆炸时也能产生大量二氧化碳;个别煤层或岩层连续、长期地放出二氧化碳,甚至在短时间内大量喷出二氧化碳。

(二)一氧化碳(CO)

一氧化碳是一种对血液、神经有害的气体,可引起头疼、晕眩、昏迷甚至死亡。矿内爆破作业、煤炭自燃发生火灾、瓦斯、煤尘爆炸时都能产生 CO。

(三)硫化氢(H_2S)

空气中的 H_2S 浓度过高($900mg/m^3$ 以上)可直接抑制呼吸中枢,引起窒息而迅速死亡。硫化氢主要来自硫化矿物水化和坑木等有机物腐烂。有些煤体也能释放硫化氢。

(四)二氧化氮(NO_2)

二氧化氮溶于水后生成腐蚀性很强的硝酸,对眼睛、呼吸道黏膜和肺部组织有强烈的刺激及腐蚀作用,严重时可引起肺水肿。

160

矿内二氧化氮主要来源于爆破工作。

（五）二氧化硫（SO_2）

二氧化硫遇水后生成硫酸，对眼睛及呼吸系统黏膜有强烈的刺激作用，可引起喉炎和肺水肿。二氧化硫主要来源于含硫矿物的氧化与自燃、在含硫煤层中爆破以及从含硫煤层中涌出。

（六）氨气（NH_3）

氨气对皮肤和呼吸道黏膜有刺激作用，可引起喉头水肿。主要来自爆破工作、用水灭火等，部分岩层中也有氨气涌出。

（七）氢气（H_2）

氢气能自燃，当浓度为 4％～74％时有爆炸危险。主要来自井下蓄电池充电时放出的氢气，有些中等变质的煤层中也有氢气涌出。

（八）瓦斯

瓦斯主要成分是甲烷，是矿层形成过程中的一种伴生产物。瓦斯是一种能够燃烧和爆炸的气体，当瓦斯浓度在 5％～16％的爆炸界限内，氧气浓度不低于 12％，且有足够能量的点火源时，就可能发生瓦斯爆炸，瓦斯爆炸的主要危害主要表现在以下三个方面：(1)瓦斯爆炸产生的爆炸温度可达 1850～2650℃，不仅造成人员伤亡、设备毁坏，还会引起火灾和煤尘爆炸事故，扩大灾情；(2)瓦斯爆炸后的气体压力是爆炸前气体压力的 7～10 倍。气体压力骤然增大形成的强大冲击波，将会以极高的速度向外冲击，推倒支架、损坏设备，使工作面顶板冒落及造成现场的人员伤亡，使矿井遭到严重破坏；(3)爆炸产生大量的有害气体。瓦斯爆炸不仅使氧气浓度大大降低，还产生大量的有害气体。统计资料表明，在瓦斯、煤尘爆炸事故中，死于一氧化碳中毒的人数占死亡人数的70％以上。因此，《煤矿安全规程》要求所有入井人员必须佩戴自救器。

矿井空气中有害气体对井下作业人员生命安全危害极大，因此，《煤矿安全规程》对常见有害气体的安全标准都做了规定，见表8-1。

表 8-1　矿井空气中有害气体的安全浓度标准

有害气体名称	符号	最高允许浓度/%
一氧化碳	CO	0.0024
氧化氮(换算成二氧化氮)	NO_2	0.00025
二氧化硫	SO_2	0.0005
硫化氢	H_2S	0.00066
氨	NH_3	0.004

二、粉尘

矿藏在采掘、运输、洗选等过程中会产生大量粉尘,其危害集中在两大方面:一是引发煤尘爆炸事故;二是造成工人患尘肺病。

(一)煤尘爆炸

1. 煤尘爆炸的条件

煤尘爆炸必须同时具备以下三个条件:煤尘本身具有爆炸性,且煤尘必须浮游在空气中,并达到一定浓度;有能引起爆炸热源的存在;氧浓度不低于 18%;缺少任何一个条件都不可能造成煤尘爆炸。

爆炸性煤尘在煤尘氧化、热化过程中可产生大量可燃气体,遇高温后发生剧烈反应形成煤尘爆炸。煤尘分为有爆炸性煤尘和无爆炸性煤尘。煤尘有无爆炸性要经过爆炸性鉴定后才能确定。

浮游在空气中的煤尘,其表面积与空气中的氧气充分接触,氧化后产生大量可燃气体,为爆炸创造了条件。当煤尘浓度在一定范围时,煤尘氧化反应产生的热量大于散失热量,形成爆炸。单位体积空气中能够发生煤尘爆炸的最低煤尘浓度叫作煤尘爆炸下限浓度,其数值为 $45g/m^3$;单位体积空气中能够发生爆炸的最高煤尘浓度叫作煤尘爆炸上限浓度,其数值为 $1500\sim2000g/m^3$。

煤尘爆炸的引燃温度变化范围较大,我国煤尘爆炸的引爆温度为 $610\sim1050℃$。

此外,空气中氧浓度对煤尘爆炸也有很大影响。氧浓度高时,点燃温度降低,反之要高一些。当空气中氧气浓度低于 18% 时,单独的煤尘不再爆炸。

2. 煤尘爆炸的危害

煤尘爆炸具有同瓦斯爆炸相类似的特点。煤尘爆炸后可产生高温、高压、形成冲击波并产生大量有害气体等。

据实验测定,煤尘爆炸火焰温度达 $1600 \sim 1900$℃。煤尘爆炸时释放出的热量,按理论计算可使爆炸时产生的气体产物加热到 $2300 \sim 2500$℃。

煤尘爆炸的理论压力为 750kPa,但在大量沉积煤尘的巷道中,爆炸压力将随着距爆炸源距离的增加而跳跃式增加。

煤尘开始被点燃时,产生冲击波的传播速度与火焰的传播速度几乎是相同的;随着时间的延长,冲击波的速度加速。据计算,爆炸冲击波的传播速度可达 2340m/s。

煤尘爆炸后产生 2% $\sim$ 4% 的一氧化碳,有时甚至高达 8% $\sim$ 10%,这是矿工大量中毒伤亡的原因。

(二)尘肺病

尘肺病是慢性职业病,严重影响矿工的身体健康,甚至会造成大批工人丧失劳动能力。据调查,全国有些行业各种尘肺病例数处于增长趋势,其中煤炭行业尤为明显。从煤矿尘肺发病工种看,纯掘进工种和主掘工种发病超过总病人数的 50% 以上。随着机械化程度的提高,采煤工作面煤尘浓度增大,煤尘危害增大,在尘肺发病的工人中,纯采煤工人患病率呈上升趋势。

三、矿井火灾

凡是发生在矿山地面或井下,威胁到矿山生产,造成损失的非控制燃烧均称为矿山火灾。火灾一旦发生,轻则影响安全生产,重则烧毁煤炭资源和物资设备,造成人员伤亡,甚至引发瓦斯煤尘爆炸,扩大灾害的程度与范围。

(一)火灾的构成要素

构成火灾的基本要素可归纳为三个,即热源、可燃物、空气,三个要素必须是同时存在,而且达到一定的数量,才能引起火灾。其中,煤矿企业矿井中的热源有煤的自燃、瓦斯煤尘爆炸、爆破作业、机械摩擦、电流短路、吸烟、烧焊以及其他明火等,可燃物包括煤、坑木、各类机电设备、各种油料、炸药等。

(二)火灾的分类

根据引火的热源不同,通常将矿井火灾分为外因火灾、内因火灾两大类。

按发火地点不同可分为井筒火灾、巷道火灾、采面火灾、煤柱火灾、采空区火灾、硐室火灾。

按燃烧物不同,可分为机电设备火灾、火药燃烧火灾、油料火灾、坑木火灾、瓦斯燃烧火灾、煤炭自燃火灾等。

(三)矿井火灾的危害

矿井火灾对煤矿生产及职工安全的危害主要有以下几方面:

(1)产生大量有害气体。矿井火灾会产生一氧化碳、二氧化碳、二氧化硫、烟尘、醇类、醛类等大量有毒有害气体。这些有毒有害气体和烟尘可随风扩散至相当大的区域甚至全矿,造成井下工作人员的人身伤害。据国外统计,在矿井火灾事故中的遇难者95%以上是死于烟雾中毒。

(2)在火源及近邻处产生高温,从而引燃近邻处可燃物,使火灾范围迅速扩大。

(3)引起爆炸。火灾往往进一步引起瓦斯、煤尘爆炸等事故。

(4)毁坏设备和资源。井下火灾一旦发生,生产设备和煤炭资源就会遭到严重破坏。另外,矿井火灾还会造成矿井局部区域性甚至全矿性停产,冻结煤炭资源,严重影响矿井的生产。

四、顶板灾害

顶板灾害主要有掘进巷道冒顶事故、采煤工作面顶板事故和冲击地压现象三种情况。

(一)掘进巷道冒顶事故

巷道发生冒顶事故的原因大致包括自然地质因素、工程质量因素、采掘工程影响、未严格执行顶板安全制度等几个方面。

1. 自然地质因素

自然地质因素主要有以下几个方面：

（1）岩层层理影响。岩层内应力经过重新分布，容易造成岩层离层脱落。若有 0.5～1m 较弱岩层或煤层形成复合顶板时，空顶区顶板更易发生弯曲、离层、下沉，造成围岩整体稳定性差，发生顶板冒落和片帮的概率增多。

（2）镶嵌型围岩结构影响。由于受古河床冲刷，重新沉积的岩石镶嵌在原沉积岩内，或受地质构造运动影响，使坚硬岩层的破碎包裹体楔入软岩层内，形成镶嵌型结构。岩块与原岩体之间多为光滑结构面，使层面粘聚力极低，导致岩层在无支护空顶区易突然坠落，大块坠岩可能推垮不稳定支架，造成没有预兆的突发性顶板事故。

（3）岩层节理裂隙及破碎带影响。因地质构造运动的作用，岩层节理发育，多组节理互相切割，破坏了岩体的完整性。尤其是风化带、断层破碎带、层间错动带及褶皱破碎带、挤压破碎带等地带的围岩松散破碎，更易造成巷道顶板冒顶事故。

（4）地下水影响。水对岩石具有弱化作用，尤其对含泥质的岩石，可使岩石强度急剧下降，甚至发生崩解或体积膨胀；水也使岩石或裂隙间的摩擦系数下降；地下水压力还有水楔作用。因此，地下水对岩体稳定性极为不利，容易促使巷道冒顶事故的形成。

2. 工程质量因素

工程质量因素主要有：

（1）支架支设质量差。支架设在浮矸上，金属可缩支架卡缆拧紧力不足，支架与围岩间没有背实等，可导致支架阻力不能及时发挥作用，使围岩松动破坏圈扩大，容易发生巷道冒顶事故。

（2）支架稳定性较差。支架间连接不好，横向稳定性差，尤其在倾斜巷道，易造成多架支架倾倒的大面积冒顶事故。

（3）掘进打眼爆破参数掌握不好。炮眼角度不当，或装药量过大，放炮时易崩倒支架，且使掘进作业面增大，易造成冒顶及片帮事故。

(4) 锚杆支护失效。锚杆参数选择不当,或锚杆的锚固力失效时,都会造成巷道冒顶事故发生。

(5) 工程质量低劣。掘进过程中,没有严格按操作规程施工,工程质量的检查制度不严,发现问题不能及时处理,也是引发冒顶事故的原因。

3. 采掘工程影响

当受到采动引起的岩层运动和支承压力的影响时,围岩破坏范围扩大,如果支护质量不好,极易造成片帮与冒顶事故。巷道掘进时,围岩内产生应力重新分布,顶板岩层受到不同程度的破坏,尤其当两巷道贯通时,在交叉点处悬露面积大,顶板破坏更加严重,极易造成冒顶事故。在翻修、维护巷道时,由于围岩内应力二次重新分布,造成顶板破碎范围扩大,也易造成冒顶事故的发生。

4. 未严格执行顶板安全制度

在掘进过程中未及时进行顶板安全检查;没有及时发现和处理掘进工作面围岩表面的活石或伞檐;对新悬露的顶板缺乏有效的临时支护,或虽有而未认真采用,造成工人在空顶下冒险作业等,都可能发生冒顶事故。

(二)采煤工作面顶板事故

采煤工作面顶板事故按力学原因分类有压垮型、漏冒型与推垮型。

1. 压垮型冒顶

压垮型冒顶包括老顶来压时的压垮型冒顶、厚层难垮顶板大面积冒顶以及直接顶导致的压垮型冒顶。

当煤层上面有老顶而直接顶厚度又较小时,采煤工作面会出现老顶压;老顶来压时可能发生压垮型冒顶。老顶来压时,不论是老顶断裂下沉阶段还是顶板台阶下沉阶段,如果支柱的支撑力或可缩量不够,都可能发生压垮型冒顶。

厚层难垮顶板大面积冒顶的原因有:当煤层顶板是厚层难垮顶板时,顶板可能会悬露几千平方米、几万平方米甚至十几万平方

166

米才垮落。这样大面积的顶板在极短时间内垮落下来,不仅由于重量的作用会产生强大的冲击破坏力,而且更严重的是把已采空间的空气瞬时挤出,形成暴风,破坏力极强。

直接顶导致的压垮型冒顶的机理很简单,由于构造、采动等原因,使采煤工作空间上方某部分直接顶与其周围岩体产生断裂,当这部分与岩体脱离的直接顶垂直于层面方向整体向下运动,而采场支架的支撑力不足时,就有可能造成压垮型冒顶事故。

2. 漏冒型冒顶

漏冒型冒顶包括大面积漏垮型冒顶与机道上方、放顶线附近及工作面两端的局部漏冒。

当直接顶异常破碎,而煤层倾角又比较大时,可能发生大面积漏垮型冒顶。由于煤层倾角较大,直接顶又异常破碎,采煤支护系统中如果某个地点发生局部冒顶,在自然安息角以上的破碎顶板就要沿安息角冒落,使其下方支架失稳,如此由下而上连锁反应,有可能从原来局部冒顶地点开始,沿工作面往上至回风巷全部漏空,导致漏垮工作面。

局部漏冒型冒顶主要有:靠煤帮附近的漏冒、工作面两端的漏冒、放顶线附近的漏冒和地质破坏带附近的漏冒。

由于原生或构造等原因,在一些煤层的直接顶中,存在多组交叉裂隙而形成散离的孤立岩块,在采煤机采煤或爆破落煤后,如果支护不及时,就可能在无任何预兆的情况下突然冒落,造成局部漏冒型冒顶事故。由于第一排支柱的初撑力不够,容易使机道上方直接顶板过分变形破裂,从而导致局部漏冒。当采用爆破法采煤时,如果炮眼布置不当或装药量过多,可能在爆破时崩倒支架从而导致局部漏冒。当老顶来压时,煤壁附近直接顶可能破碎。如果煤层本身又因强度低而片帮,从而扩大了无支护空间,也会造成局部漏冒。此外,网下采煤可能出现破网漏冒。

工作面两端经常要进行机头机尾的移置工作。机头机尾处一般是架设抬棚支护,移置机头机尾时需拆除抬棚下的支柱,如果造成直接顶下沉,就可能导致破碎顶板或孤立岩块冒落。与工作面相接的一段巷道,在掘进时由于巷道支护一般都没有初撑力,很难使直接顶不下沉、松动甚至破碎,当直接顶由薄弱软岩层组成时更是这样。此外,这段巷道还受回采支承压力的影响,不仅顶板破碎很难避免,而且支承压力还可能损坏巷道支架,使支架失效而引起局部漏冒。

放顶线上的支柱受力不会是均匀的,当人工回撤受力较大的柱子时,往往柱子一倒下,顶板随即垮落;而地质破坏带顶板往往较破碎,更容易造成漏冒。

3. 推垮型冒顶

推垮型冒顶包括复合顶板推垮型冒顶、金属网下推垮型冒顶、大块孤立顶板旋转推垮型冒顶、冲击推垮型冒顶还有老塘冒矸冲入采场的推垮型冒顶。

复合顶板由下软上硬岩层构成。下部软岩层可能是一个整层,也可能是由几个分层组成的分层组。采动后下部岩层或因岩石强度低,或因分层薄,其挠度比上部岩层大,向下弯曲得多,而上下岩层间又没有多大的粘结力,因此下部岩层与上部岩层形成离层;从外表看,似乎下部岩层较软,上部岩层较硬。

当煤层有伪顶时,如果采用托伪顶开采,则煤层的顶板就是复合顶板。应用留煤皮方法采煤时,煤皮与顶板又易分离或煤层有伪顶,这时回采工作面也处在复合顶板之下。厚煤层应用倾斜分层下行垮落开采时,第二分层及以下分层可能处在再生顶板之下。如果再生顶板以上为较硬岩层或咬合住的断裂岩块,再生顶板与它又没有多大粘结力,则在回采第二分层及以下分层时,该分层也处在再生的复合顶板之下。

煤层具有复合顶板,同时还必须具备下列四个条件,才会发生推垮型冒顶:(1)因支柱初撑力小导致软硬岩层间离层;(2)因构造、旧巷、支柱初撑小等原因,顶板下部软岩层中发生断裂,形成六面体;(3)六面体的相邻部分已冒空或为采空区,而且又有一定倾角;(4)六面体因自重向自由空间的推力大于总阻力。

从支护观点考察,复合顶板推垮型冒顶的问题不在于支护的支撑力不够,而在于支护的失稳,六面体是因为支护失稳才发生推垮的。换句话说,如果六面体下面是稳定性好、能抵抗来自层面方向推力的支架,也能阻止六面体下推。

金属网下推垮型冒顶及预防金属网上顶板处于自然堆放状态或松散状态,而且煤层倾角又比较大时,可能发生金属网下推垮型冒顶。金属网下推垮主要是由于网上碎矸失去支护形成网兜,其沿层面向下的推力拉倒网兜上方支柱,从而造成金属网下推垮型冒顶。

其他推垮型冒顶类型包括:大块孤立顶板旋转推垮型冒顶、冲击推垮型冒顶以及采空区冒矸冲入采场推垮型冒顶。大块孤立顶板旋转推垮型冒顶是在回柱放顶时,大块孤立顶板因力矩不平衡旋转而下推倒采场支架而致;冲击推垮型冒顶是因直接顶高层老顶迅速向下运动或老顶中掉下大块岩石所致;采空区冒矸冲入采场推垮型冒顶是因冒矸大而支柱的初撑力及稳定性不够所致。

(三)冲击地压现象

冲击地压是煤岩体突然破坏的动力现象,是矿井巷道和采场周围煤岩体由于变形能的释放而产生以突然、急剧、猛烈破坏为特征的特殊的矿山压力现象,是煤矿重大灾害之一。

煤矿冲击地压的主要特征:一是突发性,发生前一般无明显前兆,冲击过程短暂,持续时间几秒到几十秒;二是多样性,一般表现为煤爆、浅部冲击和深部冲击,最常见的是煤层冲击,也有顶板冲击、底板冲击和岩爆;三是破坏性,往往造成煤壁片帮,顶板下沉和底鼓,支架折损,巷道堵塞,人员伤亡;四是复杂性,在自然地质条件上,除褐煤以外的各种煤种都记录到冲击现象,采深从 200～1000m,地质构造从简单到复杂,煤层从薄层到特厚层,倾角从水平到急斜,顶板包括砂岩、灰岩、油母页岩等都发生过冲击地压。在生产技术条件上,不论水采、炮采、机采或是综采,全部垮落法或是水力充填法等各种采煤工艺,不论是长壁、短壁、房柱式或是煤柱支撑式,分层开采还是倒台阶开采等各种采煤方法都出现了冲击地压,只有无煤柱长壁开采法冲击次数较少。

冲击地压可看作是承受高应力的煤岩体突然破坏的现象。根据应力来源冲击地压可分为重力型、构造型和二者兼有的综合型。重力型冲击地压主要指受重力作用,在一定的顶底板和深度条件下,由采掘影响引起的冲击地压。构造型冲击地压主要指受构造应力作用引起的冲击地压。综合型冲击地压是重力和构造力共同作用引起的冲击地压。

冲击地压发生机理极为复杂,发生条件多种多样。但有两个基本条件取得了共识:一方面,冲击地压是"矿体-围岩"系统平衡状态失稳破坏的结果;另一方面,其多发生在采掘活动形成的应力集中区,当压力增加超过极限应力,并引起变形速度超过一定极限时即发生冲击地压。

五、矿井水害

(一)矿井水害的危害

我国矿井水文地质条件是世界上最复杂的国家之一。矿井水害的形式也是多种多样,水害的存在范围也是非常广泛。据不完全统计,在煤矿典型水害事故中,地表水害约占各种水害的10%,松散层水害约占4%,老窑水害约占30%。煤系中砂岩水害约占1%,薄层及厚层灰岩含水层水害约占55%。矿井从地面到井下都存在着水害发生和水害防治问题:

(1)在山前的矿井要防止山洪倒灌;

(2)在平原隐伏煤田的矿井,除了预防井口位置低洼、防止河湖洪水倒灌外,还要预防第四纪松散含水层和第三纪未胶结好的"红层"含水层。有时它们与地表水体或基岩含水层连通,有补给关系,如果开采塌陷裂隙与含水层连通形成充水通道,那么不仅水会涌入矿井,而且大量泥沙(流砂)也随水溃入矿井。

(3)煤系地层顶板含水层,有的是以裂隙水为主的含水层,有的是以岩溶-裂隙为主的岩溶-裂隙含水层。其中,有的与其上的松散含水层,甚至地表水体有水力联系。如果煤系回采揭露,轻者含水涌出,造成工作条件恶化,排水量增大,重者当裂隙(断层附

170

近)或岩溶发育时,造成大量涌水,排水不及,冲垮工作面,甚至淹井,其严重后果不容忽视。

(4)在老矿区,分布着许多老窑,其中大都有积水,需要查探其分布位置;煤层底板以下的岩溶含水层,由于底板隔水层薄、阻水强度不够或采深较大、承压水水压过高或断层构造导通或有岩溶陷落柱等因素,使底板以下的岩溶含水层水(其一般岩溶发育、厚度大、水压高、含水丰富)突入矿井,由于水量太大,往往因其超过矿井排水能力而导致淹井,其损失将非常惨重。矿井底板突水灾害一直是制约煤炭生产的重大灾害之一。

(二)矿井充水条件分析

矿井充水是指水以各种形式进入矿井的过程及形成矿井水。水进入矿井的形式有渗入、流入、涌入、溃入等,可分缓慢、急速和突发,前者尚不可惧,而后者往往造成矿井水灾。关键是要防止突发性的大水量的矿井充水,如洪水倒灌、地表水体与采煤塌陷沟通、老窑水涌出、陷落柱、断层、底板岩溶突水等。矿井充水要具备两个条件:一是水源,二是通道,二者缺一不可。

(1)水源多种多样,无非是大气降水、地表水(江、河、湖、海、水库、积水洼地等)和地下水。而地下水中其赋存状态和赋存位置各不相同,如松散岩层孔隙中的水称其为孔隙水,坚硬岩层裂隙中的水称为裂隙水,石灰岩岩溶中的水称其为岩溶水,若岩溶裂隙共存,则称岩溶-裂隙水,古窑、老采空区中的积水称其为老空水等。

(2)通道也是多种多样,如井筒、塌陷坑、开采沉陷裂隙,工程中未密封的空洞裂隙(井壁、巷道顶部、开挖的松动圈、未封死的各类钻孔等),岩层中的孔隙、裂隙、岩溶(如节理、断层、陷落柱、暗河等)。一旦这些过水通道与水源连通,则构成了矿井充水。矿井充水是必然的,正常矿井绝大多数都需排水,井下绝对干燥的矿井是很罕见的,问题是防止其突然地、大量地充水,且其充水量大大超过矿井的排水能力。矿井充水一旦发生,轻者增加了排水费用,重者则造成淹井灾害。总之矿井充水是客观存在的,小量的、缓慢的矿井充水不可怕,怕的是大量的、突发性的矿井充水。在实际工作中要尽力控制和防止矿井突水的发生。

（三）矿井发生水灾的原因

造成矿井发生水灾的原因归纳起来为：

（1）人们对水害的认识和重视程度不够,少数领导的工作不力;

（2）业务人员技术水平不够(防治水理论研究掌握不够,探查手段落后,积累资料,查清水文地质条件、掌握规律性、分析研究不够);

（3）只顾眼前经济效益,不严格执行《煤矿安全规程》,乱采乱掘,忽视安全生产;

（4）防治水工程投资力度不够,必要的防治水工程不做,或偷工减料,擅自修改设计,忽视工程质量要求等;

（5）无严格防治水害的规章管理制度,发现水害预兆,疏忽大意,不重视、不及时汇报、研究、处理,以致贻误时机,酿成大祸。

六、爆破事故

爆破事故发生的原因往往是由于对爆破材料管理上的疏忽、执行安全规章制度不严、违章指挥、违章作业等人为因素造成的。工作中一旦发生爆破事故,轻则造成经济损失、影响正常生产秩序,重则造成人员伤亡。常见的爆破事故有：

（一）意外爆炸事故

其原因包括:对爆破材料的管理不善,致使爆破材料受到严重撞击和挤压;静电导致电雷管发生意外爆炸事故,如接触爆破材料的人员,违反规定身着可以产生静电的工作服;杂散电流,如电机车牵引网路的漏电电流,或动力、照明线路漏电电流,当其通过管路、潮湿的煤、岩壁导入电雷管脚线时;电雷管脚线或放炮母线在连接发爆器前与漏电电缆相接触,并且未将电雷管脚线或放炮母线扭结成短路;一处进行爆破作业所引起另一处炮眼爆炸,或爆破时未将爆破材料箱放到警戒线以外的安全地点;未按《煤矿安全规程》有关规定处理拒爆或处理不当引起的事故。

（二）炮烟熏人事故

其原因主要有：装药前不清理炮孔、使用过期变质的炸药、违章使用可燃物封堵炮孔，造成炮烟中一氧化碳、氮的氧化物含量增加，导致人员炮烟中毒；掘进工作面爆破后，尚未吹散或排除炮烟就急于进入工作面；风筒距掘进工作面太远、风筒漏风造成风量不足，不能及时吹散炮烟；或因装药量过多，爆破时产生的炮烟超过通风机能力，致使不能在规定时间内将炮烟冲淡或排除；采煤工作面爆破时，回风巷道内作业人员距爆破地点近，不采取任何措施又不能及时撤退时；单巷道长距离掘进工作面爆破后，炮烟长时间浮游在巷道内，致使人员慢性中毒。

（三）爆破崩人事故

原因有：爆破母线过短、安全距离不合适、躲避处选择不当时，造成飞煤、飞石伤人；未能严格执行以上有关警戒的规定，导致误伤进入爆破区的人员；执行制度不严，工作管理混乱所引起；通电以后发生拒爆时，未按规定的等待时间急于进入爆破区，造成崩人；未能防止杂散电流，造成意外爆炸而崩人；拒爆处理后未仔细检查爆堆，造成崩人等。

（四）爆破崩倒支架事故

主要原因有：支架（柱）架设质量不好；炮眼排列方式与煤层硬度、采高不相适应，有大块煤崩出造成支架被崩倒；炮眼角度偏斜，炮眼浅，装药过多，炮泥装得少、质量差，爆破时将支架崩倒；采煤工作面的炮道宽度小，太靠近支架，爆破时崩倒支架等。

（五）爆破造成冒顶事故

原因有：采掘工作面顶眼的眼底距顶板距离太小或打入了顶板内；采掘工作面遇有地质构造，顶板松软破碎，未采取少装药放小炮的办法，而照样爆破；顶眼装药剂量过大，爆破时对顶板冲击强烈；一次爆破炮眼数超过《作业规程》的规定，空顶面积过大，支架又未能及时跟上；炮眼的角度不合适。

（六）拒爆

爆破时，通电后出现放炮不响的现象，即为全网路拒爆。爆破后由于某种原因造成的部分或单个电雷管拒爆的现象即为瞎炮或残爆。产生拒爆或瞎炮的原因有：炸药变质；电雷管电阻丝折断，雷管变质或雷管质量差；不通电或电流短路；联线的雷管数超过发爆器的起爆能力；发爆器的电流小或有故障；混用了不同品种、不同厂家或不同批次生产的电雷管；发爆器与爆破母线、母线与脚线、脚线与脚线间的连接问题。

（七）放空炮

炮眼内装药，在爆破时未能对周围介质产生破坏作用，而是沿炮眼口方向崩出的现象称为放空炮。放空炮的原因：眼内炮泥的充填质量不好；炮眼的间距过大。

七、电气故障

煤矿生产是一个由许多环节组成的复杂系统，供用电是其中的重要一环。在煤矿井下使用电能存在一系列危险，如人身触电、电火灾以及电火花引起瓦斯、煤尘爆炸等。确保井下的供用电安全，对保障矿井的安全生产和加速现代化矿井的建设具有重要的意义。

（一）煤矿供电系统的基本要求

电力是现代化煤矿企业的动力，为了适应煤矿企业的特点，对供电有如下要求：

（1）可靠性。要求供电的连续性。煤矿一旦断电，不仅会影响产量，而且有可能引发瓦斯积聚、淹井、人身事故或设备损坏，严重时将造成矿井的损坏。为了保证煤矿供电的可靠性，供电电源应采用双电源，双电源可来自不同的变电所（或发电厂）或同一变电所的不同母线上。在一个电源发生故障的情况下，应保证对主要生产用户的供电，以保证通风、排水以及生产的正常进行。

（2）安全性。由于煤矿井下的特殊的工作环境，供电线路和电气设备易受损坏，可能造成人身触电、电气火灾和电火花引起瓦斯煤尘爆炸等事故,所以必须严格遵守《煤矿安全规程》的有关规定,以确保安全供电。

(3) 经济性。在保证可靠和安全供电的前提下,还要保证供电质量,力求供电系统简单,安装、运行操作方便,建设投资少和运行费用低等。根据停电所造成的影响不同,即根据供电负荷的重要性以及供电中断所造成的危害程度,煤矿电力用户可分为三级管理,以方便在不同情况下分别对待:

一级用户:凡因突然停电会造成人身伤亡或重要设备损坏,给企业造成重大经济损失者,均是一级用户。如煤矿主要通风机、井下主排水泵、副井提升机等,这类用户应采用不同母线的双回路电源进行供电,以保证一路供电线路出现故障的情况下,另一回路仍能继续供电。

二级用户:凡因突然停电造成较大数量的减产或较大经济损失者。如煤矿集中提煤设备、地面空气压缩机、采区变电所等,对这类用户一般采用双回路供电或环形线路供电。

三级用户:凡不属于一、二级用户的,均为三级用户,这类用户突然停电对生产没有直接影响,如煤矿井口机修厂等。这类用户的供电,只设一个回路供电。

用户分级管理便于调整电力负荷,合理供电。在供电系统发生故障或检修、限制用电负荷时,就能区别对待,停止对三级用户供电,以保证对二级用户全部或部分供电,确保对一级用户不中断供电。

(二) 供电系统必须遵守的规定

矿井应有两回路电源线路。当任意一个回路发生故障停止供电时,另一回路应能担负矿井全部负荷。年产 6 万 t 以下的矿井采用单回路供电时,必须有备用电源;备用电源的容量必须满足通风、排水、提升等要求。矿井两回路电源线路上都不得分接任何负荷。正常情况下,矿井电源应采用分列运行方式,一回路运行时另一回路必须带电备用,以保证供电的连续性。

10kV 及其以下的矿井架空电源线路不得共杆架设。矿井电源线路上严禁装设负荷定量器。

井下各水平中央变(配)电所、主排水泵房和下山开采的采区排水泵房的供电线路,不得少于两回路。当任一回路停止供电时,其余回路应能承担全部负荷。主要通风机、提升人员的立井绞车、抽放瓦斯泵房等主要设备机房,应各有两回路直接由变(配)电所馈出的供电线路,在受条件限制时,其中的一回路可引自上述同种设备房的配电装置,即绞车与绞车、瓦斯泵与瓦斯泵可互引一回路作为备用。上述供电线路应来自各自的变压器和母线段,线路上不应分接任何负荷。上述设备的控制回路和辅助设备,必须有与主要设备同等可靠的备用电源。

井下各级配电电压等级和安全用电的一般要求有:高压不应超过 10000V;低压不应超 1140V;照明、信号、电话和手持式电气设备的供电额定电压都不应超过 127V;远距离控制线路的额定电压,不应超过 36V。采区电气设备使用 3300V 供电时,必须制定专门的安全措施。同时在具体操作中,还应采取以下措施:

(1)严禁井下配电变压器中性点直接接地。严禁由地面中性点直接接地的变压器或发电机(专用变压器除外)向井下供电。

(2)直接向井下供电(包括经过钻孔的供电电缆)的高压馈电线上,严禁装设自动重合闸。手动合闸时,必须事先同井下联系。在井下低压馈电线上装设可靠的漏电、短路检测闭锁装置时,可采用瞬间一次自动复电系统。如果在局部通风机线路上发生故障而停风时,首先必须排除故障,严禁在停风区内或瓦斯超限的巷道中处理故障,必须按照规程的有关规定执行。

(3)煤电钻必须设有检漏、漏电闭锁、短路、过负荷、断相、远距离起动和停止煤电钻的综合保护装置。煤电钻综合保护装置在每班使用前必须进行一次跳闸试验。

(4)为了防止地面雷电波及井下,引起瓦斯、煤尘以及火灾等灾害,必须遵守下列规定:1)经由地面架空线路引入井下的供电线路(包括电机车架线),必须在入井处装设防雷电装置;2)由地面直接入井的轨道,露天架空引入(出)的管路,必须在井口附近将金属体进行不少于两处的良好的集中接地;3)通信线路必须在入井处装设熔断器和防雷电装置。

（5）高压停、送电的要求为:为了保证安全供电,防止人身触电,电气设备在进行检修、搬迁等作业时,必须遵守停电、验电、放电、装设接地线、设置遮拦和悬挂标示牌等规定程序,严禁带电作业。要严格执行操作作业制度、工作许可制度,工作监护制度,工作间断、转移和终结制度,这是保证电气作业人员安全的组织措施。

（三）漏电故障

电网与电气设备的绝缘状态是电气安全上的重要参数。电网与电气设备漏电,是它们绝缘电阻显著下降的现象。漏电具有广布性、隐秘性、连续性、多发性、突发性等诸多特点,在井下发生的漏电故障,可能导致人身触电、电火灾以及瓦斯、煤尘爆炸等事故。因此,电网与电气设备的漏电严重威胁着矿井和井下工作人员的安全。

1. 漏电故障的定义

目前国内井下广泛采用的变压器中性点绝缘的低压供电系统,漏电故障的明确定义是:在变压器中性点绝缘的低压供电系统中,发生单相接地(包括直接接地和经过渡阻抗接地)或两相、三相对地的总绝缘阻抗下降至危险值的电气故障就叫作漏电故障。由此可见,漏电故障分为单相漏电、两相漏电、三相漏电三种类型,其中前两种属于不对称漏电故障,后一种属于对称性漏电故障。单相漏电占漏电故障的85%左右,并且有相当一部分(30%)单相漏电若不及时切除,将发展为短路故障。两相漏电所占的比例很小,而且故障程度也较轻。三相漏电的发生率占10%,例如电缆、电动机老化而造成的漏电。单相接地由于接地电流很小(在660V电网中不足1A),故属于单相漏电,它是最严重的漏电故障,而不属于单相接地短路。

2. 漏电故障的危害

煤矿井下低压电网大部分在采区。采区环境条件恶劣,又是

177

工作人员和生产机械比较集中的地方,电网若发生漏电,可能导致人员触电、瓦斯与煤尘爆炸以及电雷管的先期爆炸;长期存在的漏电电流,会使电缆、电气设备的绝缘进一步恶化,从而造成相间短路,烧毁电气设备,甚至发生危及矿井安全的电气事故。

3. 漏电的原因

造成井下低压电网漏电的原因,大致有以下几个方面:

(1) 电缆或电气设备本身的原因。敷设在井下巷道内的电缆,由于环境潮湿,在运行多年后,会出现绝缘老化或潮气入侵,引起绝缘电阻下降,造成电网对地的绝缘降低而导致漏电;长期使用的电动机,工作时绕组发热膨胀,停机后冷却收缩,使其绝缘材料形成缝隙,井下潮气、煤尘容易侵入,时间一长,就会因绝缘受潮、绕组散热不良等原因使绝缘材料变质老化而造成漏电。此外,电动机内部接头脱落,使一相导线接触金属外壳而产生的漏电也较常见。

(2) 因管理不当而引起漏电。由于管理不严,电缆滑落被埋压或浸泡于水沟中。电缆被埋压会导致散热不畅,持续时间过久会导致绝缘老化而漏电;电缆浸泡在水沟中,由于井下水的酸性侵蚀渗透作用,会使绝缘因受潮而漏电;对已经受潮或遭水淹的电气设备,未经严格的干燥处理和对地绝缘电阻耐压试验,又投入运行,极有可能发生漏电或其他电气故障;电气设备长期过负荷运行造成绝缘老化、损伤而漏电。

(3) 维修操作不当引起漏电。井下人员工作时,劳动工具(锹、镐等)易将电缆割伤或碰伤,导致漏电。另外,采掘机械移动时,由于有关人员照顾不到,使供电电缆受到拉、挤、压等作用,造成漏电;开关设备检修后,残留在开关内的线头、金属碎片等未清扫干净,或将小零件、电工工具等忘在开关内,当这些东西碰到相线,送电后就会发生漏电;开关分、合闸时,由于灭弧困难,电弧接触到外壳而漏电;在开关、磁力起动器切断漏电线路后,为寻找漏电支路而分别强行送电会造成重复漏电。

(4) 因施工安装不当引起漏电。电缆与设备连接时,由于芯线接头不牢、压板不紧或移动时造成接头脱落,使相线与设备外壳接触,导致漏电;电气设备内部接线错误,在合闸送电时会发生漏电。

（5）因意外引起漏电。因矿车出轨、支柱倾倒等意外机械事故,使电缆受到损伤而导致漏电;雷电沿下井电缆入侵,击穿绝缘而发生漏电。

（四）过流故障

过电流是指电气设备的实际工作电流大于额定电流值。煤矿井下常见的过电流故障有短路、过载、断相三种。短路故障会导致火灾,烧毁电气设备和电缆线路,甚至引起瓦斯、煤尘爆炸事故。采区生产设备容易出现过载,这会使设备绝缘材料因温度过高而损坏,严重时会烧毁设备。电动机断相运行也会引起电动机温升过高,导致电动机被烧毁。为了保证井下的安全用电,必须采取有效的手段来防止过电流故障的发生和发展,限制其影响范围,其中最重要的措施就是装设过电流保护装置。

过电流产生的原因主要有:

（1）短路。短路故障是过电流中最严重的一种,很大的短路电流,能在极短的时间内迅速烧毁电气设备,甚至引起火灾、瓦斯和煤尘爆炸事故。造成短路的主要原因是电气设备和电缆的绝缘遭到破坏。

（2）过载。电气设备和电缆的过载是指通过它们的电流超过了额定数值,而且过电流的持续时间也超过了允许时间。引起过载的原因主要有以下两个方面:一是电气设备和电缆的容量选择过小,致使正常工作时的负荷电流超过了它们的额定电流,特别是负载变化范围很大的采掘机械,出现高峰负荷时,往往引起电动机过载。二是对生产机械的误操作,例如在运输机尾压煤的情况下,连续点动起动,就会在起动电流的连续冲击下引起电动机过热,甚至烧毁;在采煤机的工作过程中,若不及时更换已磨钝的截齿,不随煤层底板倾角的变化而适时地调节牵引速度,都会引起采煤机电动机的过载。此外,电动机的端电压过低或电动机发生机械制动(堵转),也会引起电动机过载。特别是电动机堵转时,将造成起动电流长时间通过电动机,这是最严重的过载。过载是井下中、小型电动机烧毁的主要原因之一。

(3)断相。断相指三相电动机的一相断电,即电动机单相运行。在井下,单相断线多发生在经常移动或用熔断器保护的小型电动机上。前者是在移动过程中因电缆受拉或弯曲,致使一相芯线折断,或者因接线不紧,导致一相芯线从接线端子上脱落,从而造成电动机单相运转。后者则是因为三相电路中的熔断器只熔断了一相,造成单相断线。

(五)井下特殊的工作环境对设备的要求

井下特殊的工作环境对设备的要求为:

(1)煤矿井下的空气中含有瓦斯及煤尘,在其含量达到一定量时,如遇到电气设备或电缆电线产生的电火花、电弧和局部高温,就会燃烧或爆炸。所以要求选用矿用防爆型的电气设备,并要求安装灵敏可靠的保护装置。

(2)电气设备对地的漏泄电流有可能引爆电雷管。所以要求电气设备要有漏电保护装置,并经常检修电气设备。

(3)井下硐室、巷道、采掘工作面等需要安装电气设备的地方,空间都比较狭窄,因此电气设备的体积受到一定的限制,且人体接触电气设备、电缆的机会较多,容易发生触电事故。因此要求井下电气设备的体积尽量小些。

(4)井下由于岩石和煤层都存在着压力,常会发生冒顶和片帮事故,使电气设备(特别对电缆)很容易受到这些外力的砸、碰、挤、压而损坏。因此要求电气设备的外壳在坚固的基础上尽量减轻重量,并要容易安装、搬迁。

(5)井下空气比较潮湿,湿度一般在90%以上,并且机电硐室和巷道经常有滴水和淋水,使电气设备很容易受潮。因此要求电气设备有良好的防潮、防水性能。

(6)井下有些机电硐室和巷道的温度较高,使井下电气设备的散热条件较差。因此要求井下电气设备的额定容量一般应小于地面同类设备的额定容量。

（7）采掘工作面的电气设备移动频繁，且经常起动，使用电设备的负荷变化较大，有时会产生短时过载。因此要求电气设备要有足够的过载能力，并配置保护装置，保证电气设备的安全运行。

（8）由于井下地质条件发生变化，或在雨季期间，井下有发生突然出水事故的可能。其出水量往往为正常井下涌水量的几倍或几十倍，一旦突然出水，要求排水设备迅速开动，以保证矿井安全。此时应有足够大的供电能力，以保证全部排水设备的正常工作。

（9）井下如发生全部停电事故，超过一定时间，可能发生采区或矿井被淹的重大事故。同时井下停电、停风后，还会造成瓦斯积聚，再次送电时，可能造成瓦斯或煤尘爆炸的危险。所以矿井供电绝不能中断。

八、采掘机械与提升运输事故

采掘机械与提升运输事故有：

（1）采煤机伤人事故。由于采煤机的作业空间小，环境恶劣，易发生伤人事故。采煤机伤人事故主要有：滚筒割人、牵引链弹跳或折断打人、采煤机下滑、电缆车碰人等事故。特别是滚筒式采煤机的截煤滚筒是比较容易出事故的地方，据有关资料统计，滚筒伤人事故在采煤机伤亡事故中占多数。

（2）刮板输送机伤人事故。刮板输送机伤人事故主要有：断链伤人、飘链伤人、机头、机尾翻翘伤人、溜槽拱翘伤人、运料伤人、在溜槽上摔倒伤人、偶合器无保护罩碰人、信号误动作造成伤人及因刮板输送机引发的瓦斯、煤尘爆炸等造成人身伤亡。

（3）带式输送机伤人事故。带式输送机伤人事故主要有：胶带火灾事故，易造成较多人员死亡；处理胶带打滑伤人；在胶带上行走，被拉入溜煤眼或被摔倒，此事故大都是工人图省事造成的；跨越、穿过胶带伤人；处理胶带跑偏伤人；清扫胶带、连接胶带等伤人；清理胶带卷筒附着煤泥伤人；用带式输送机运送物、料伤人。

（4）掘进机伤人事故。常见的掘进机伤人事故有：掘进机移动时，没有发出信号，或者其他人员误操作，挤伤在场工作人员，挤坏电缆、水管、支架等；在检修切割头，更换截齿、喷嘴等靠近切割头时，切割电机开动而咬伤工作人员；在掘进中发生透水与突发事故；在检修机器时，发生片帮事故，砸伤正在工作人员；掘进工作面除尘效果差，影响工人身体健康和潜在煤尘爆炸危险。

（5）耙斗装载机伤人事故。常见的耙斗装载机伤人事故有：耙斗碰人、尾轮脱落伤人、钢丝绳伤人以及因操作不当导致出轨或翻倒砸伤人员等。

（6）斜井巷跑车事故。常见的斜井巷跑车事故有：钢丝绳断裂跑车；连接件断裂跑车；矿车底盘槽钢断裂跑车；连接销窜出脱钩跑车；制动装置不良引起的跑车；工作人员的操作失误造成跑车。

（7）机车运行伤人事故。常见的造成机车运行伤人事故的原因有：司机违章作业、人员素质低，安全意识差、管理水平跟不上，轨道质量差、倒车伤人、制动装置失灵造成事故以及行车行人伤亡事故等。

第四节 非煤矿山常见的危险源识别

一、冒顶片帮事故

冒顶片帮是由于岩石不够稳定，当强大的地压传递到顶板或两帮时，使岩石遭受破坏而引起的。冒顶片帮事故，大多数为局部冒落及浮石引起的，而大片冒落及片帮事故相对较少，因此，对局部冒落及浮石的预防，必须给予足够的重视。事故形成的主要因素包括：

（1）采矿方法不合理和顶板管理不善。采矿方法不合理，采掘顺序、凿岩爆破、支架放顶等作业不妥当，是导致此类事故的重要原因。

（2）缺乏有效支护。支护方式不当、不及时支护或缺少支架、

182

支架的支撑力和顶板压力不相适应等是造成此类事故的另一重要原因。一般在井巷掘进中,遇有岩石情况变坏,有断层破碎带时,如不及时加以支护,或支架数量不足,均易引起冒顶片帮事故。

（3）检查不周和疏忽大意。在冒顶事故中,大部分属于局部冒落、浮石砸死或砸伤人员的事故。这些都是由于事先缺乏认真、全面的检查,疏忽大意等原因造成的。冒顶事故一般多发生于爆破后 1～2 小时这段时间里。这是由于顶板受到爆炸波的冲击和震动而产生新的裂缝,或者使原有断层和裂缝增大,破坏了顶板的稳固性。这段时间往往又正好是工人们在顶板下作业的时间。

（4）浮石处理操作不当。浮石处理操作不当引起冒顶事故,大多数是因处理前对顶板缺乏全面、细致的检查,没有掌握浮石情况而造成的。如"撬前落后,撬左落右,撬小落大"等。此外还有处理浮石时站立的位置不当,撬工操作技术不熟练等原因。有的矿山曾发生过落下浮石砸死撬毛工事故,其主要原因就是撬毛工缺乏操作知识,垂直站在浮石下面操作。

（5）地质矿床等自然条件不好。如果矿岩为断层、褶曲等地质构造所破坏,形成压碎带,或者由于节理、层理发达,裂缝多,再加上裂隙水的作用,破坏了顶板的稳定性,改变了工作面正常压力状况,容易发生冒顶片帮事故。对回采工作面的地质构造不清楚,顶板的性质不清楚（有的有伪顶,有的无伪顶,还有的无直接顶只有老顶）,容易造成冒顶事故。

（6）地压活动。有些矿山没有随着开采深度的不断加深而对采空区及时进行处理,因而受到地压活动的危害,频繁引发冒顶事故。

（7）其他原因。不遵守操作规程进行操作,精神不集中,思想麻痹大意,发现险情不及时处理,工作面作业循环不正规,推进速度慢,爆破崩倒支架等,都容易引起冒顶片帮事故。

二、爆破事故

在矿石或岩石上钻凿炮眼称为凿岩,将炸药装入炮眼,把矿石或岩石从它们的母体上崩落下来称为爆破。按照装药结构爆破分为浅孔爆破、深孔(或中深孔)爆破和硐室爆破;按作业性质可分为井巷掘进爆破和采场爆破。爆破事故在矿山伤亡事故中占有较大的比例,常见事故主要有:

(1)炸药贮存保管中造成的事故。这由炸药库管理不善而引起的爆炸事故。

(2)炸药燃烧中毒事故。炸药燃烧时会放出大量有毒气体。在井下运送炸药,如不遵守安全规程,有时会引起炸药燃烧甚至爆炸事故。

(3)点炮迟缓和导火线质量不良造成的事故。根据统计,点火事故在爆破事故中占有较高比例。一次点炮数目较多时仍采用逐个点火,加之导火线过短,或在水大的工作面导火线受潮,不得不一面割线一面点火,时间拖得太长,都容易引起爆炸事故。

(4)盲炮处理不当造成的事故。在爆破工作中,由于各种原因造成起爆药包(雷管或导爆索)瞎火拒爆和炸药未爆的现象叫做盲炮。爆破中发生盲炮,如未及时发现或处理不当,潜在危险极大。往往因误触盲炮、打残眼或摩擦震动等引起盲炮爆炸,以致造成重大伤亡事故。

(5)爆破后过早进入现场和看回火引起的事故。爆破后炸药产生的有毒气体短时间内不能扩散干净,在通风不良的情况下更是如此,过早进入现场就会造成炮烟中毒事故。

(6)因不了解炸药性能而造成的事故。黑火药、雷管、炸药与火花接触,某些炸药受摩擦、折断、揉搓硝化甘油炸药以及冻结或渗油的硝化甘油炸药本身,都曾经发生过爆炸事故。

(7)爆破时警戒不严造成事故。警戒不严或爆破信号标志不明确,以及安全距离不够,也会引发爆炸事故。

(8)早爆事故。早爆事故是指在爆破工作中,因操作不当或因受某些外来特殊能源作用造成雷管或炸药的早爆。具体情况有:在硫化矿床内,使用硝胺类炸药有可能出现提前自爆事故;检查电雷管时使用不合适的检验仪表,而又无安全挡板;雷雨天用电雷管进行爆破,天空对地放电能引起电雷管爆炸。

（9）电网不合理也会造成爆炸事故。使用电雷管而仍用电池灯照明,使脚线头联电,也发生过伤人事故。矿井内的杂散电流及压气装药时所产生的静电都能引爆电雷管。

（10）相向掘进巷道时的事故。当两个相向掘进的巷道即将贯通时,仍旧同时爆破,也曾在几个矿山发生过事故。原因是两端同时作业,一端爆破时打穿岩石隔层而崩伤另一端工作人员。

三、矿山火灾

在我国非煤矿山中,矿山外因火灾绝大部分是因为木支架与明火接触,电气线路、照明和电气设备的使用和管理不善;在井下违章进行焊接作业、使用火焰灯、吸烟、无意或有意点火等外部原因所引起的。

（一）明火引起的火灾与爆炸

在井下使用电石灯照明、吸烟、无意或有意点火所引起的火灾占有相当大的比例。电石灯火焰与蜡纸、碎木材、油棉纱等可燃物接触,很容易将其引燃,如果扑灭不及时,便会酿成火灾。非煤矿山井下,一般不禁止吸烟,未熄灭的烟头随意乱扔,遇到可燃物是很危险的。据测定:香烟在燃烧时,中心最高温度可达 650～750℃,表面温度达 350～450℃。如果被引燃的可燃物是容易着火的,又有外在风流,就很可能酿成火灾。冬季的北方矿山在井下点燃木材取暖,会使风流污染,有时造成局部火灾。一个木支架燃烧,它所产生的一氧化碳就足够在一段很长的巷道中引起中毒或死亡事故。

（二）爆破作业引起的火灾

爆破作业中发生的炸药燃烧及爆破原因引起的硫化矿尘燃烧、木材燃烧,爆破后因通风不良造成可燃性气体聚集而发生燃烧、爆炸都属爆破作业引起的火灾。近年来,这类燃烧事故时有发生,造成人员伤亡和财产损失。其直接原因可以归纳为:在常规的炮孔爆破时,引燃硫化矿尘;某些采矿方法（如崩落法）采场爆破产生的高温引燃采空区的木材;大爆破时,高温引燃黄铁矿粉末、黄铁矿矿尘及木材等可燃物;爆破产生的碳、氢化合物等可燃性气体聚积到一定浓度,遇摩擦、冲击或明火,便会发生燃烧甚至爆炸。

(三)在矿山地面、井口或井下进行气焊、切割及电焊作业时引起的火灾

如果没有采取可靠的防火措施,由焊接、切割产生的火花及金属熔融体遇到木材、棉纱或其他可燃物,便可能造成火灾。特别是在比较干燥的木支架进风井筒进行提升设备的检修作业或其他动火作业,因切割、焊接产生火花及金属熔融体未能全部收集而落入井筒,又没有用水将其熄灭,很容易引燃木支架或其他可燃物,若扑灭不及时,往往酿成重大火灾事故。

(四)电气原因引起的火灾

电气线路、照明灯具、电气设备的短路、过负荷,容易引起火灾。电火花、电弧及高温赤热导体引燃电气设备、电缆等的绝缘材料极易着火。有的矿山用灯泡烘烤爆破材料或用电炉、大功率灯泡取暖、防潮引燃了炸药或木材,往往造成严重的火灾、中毒、爆炸事故。

用电发生过负荷时,导体发热容易使绝缘材料烤干、烧焦。并失去其绝缘性能,使线路发生短路,遇有可燃物时,极易造成火灾。带电设备元件的切断、通电导体的断开及短路现象发生都会形成电火花及明火电弧,瞬间达到 $1500 \sim 2000\,℃$ 以上的高温,而引燃其他物质。井下电气线路特别是临时线路接触不良,接触电阻过高是造成局部过热引起火灾的常见原因。

白炽灯泡的表面温度:$40W$ 以下的为 $70 \sim 90\,℃$,$60 \sim 500W$ 的 $80 \sim 110\,℃$,$1000W$ 以上的为 $100 \sim 130\,℃$,当白炽灯泡打破而灯丝未断时,钨丝最高温度可达 $2500\,℃$ 左右,这些都能构成引火源,引起火灾发生。随着矿山机械化、自动化程度不断提高,电气设备、照明和电气线路更趋复杂。电气保护装置选择、使用、维护不当,电气线路敷设混乱往往是引起火灾的重要原因。

(五)矿岩氧化自燃引起的火灾

矿岩氧化自燃的主要影响因素有:

（1）矿岩物理化学性质。主要包括：矿岩的物质组成和硫的存在形式、矿岩的脆性和破碎程度、矿岩的水分、pH 值以及不同的化学电位。

（2）矿床赋存条件。硫化矿床自燃与矿体厚度、倾角等有关。矿体的厚度愈厚，倾角愈大，则火灾的危险性也愈大。因为急倾斜的矿体遗留在采空区内的木材和碎矿石易于集中，矿柱易受压破坏，且采空区较难严密隔离。

（3）供氧条件。供氧条件是矿岩氧化自燃的决定因素。在开采条件下，为保证人员呼吸并将有毒有害气体、粉尘等稀释到安全规程规定的允许浓度以下，需要向井下送入大量新鲜空气。这些新鲜空气能使矿岩进行充分的氧化反应。但大量供给空气又能将矿石氧化所产生的热量带走，破坏了聚热条件。

（4）水的影响。水能促进黄铁矿的氧化，是一种供氧剂。但过量的水能带走热量，并且水汽化时要吸收大量热，同时生成的 $Fe(OH)_3$ 是一种胶状物，会使矿石产生胶结，所以水又是一种抑制剂。

（5）同时参与反应的矿量的影响。参与反应的矿石和粉矿越多，自燃的危险性越大。反之则危险性减小。此外，温度是影响自燃的一个很重要的因素。因为矿岩的氧化自燃是随着温度的升高而加快的。

四、矿山水灾

矿坑水是指因采掘活动揭露含水层（体）而涌入井巷的地下水。矿坑水的防治是根据矿床充水条件，制定出合理的防治水措施，以减少矿坑涌水量，消除其对矿山生产的危害，确保安全、合理地回收地下矿产资源。

五、有害气体中毒及放射性危害事故

（一）爆破及内燃设备产生的有毒气体
爆破及内燃设备产生的有毒气体有：

（1）炸药爆炸产生的炮烟。现代各种工业炸药的爆破分解都是建立在可燃物质（碳、氢、氧等）汽化的基础上。当炸药爆炸时，除产生水蒸气和氮外，还产生二氧化碳、一氧化碳、氮氧化物等有毒有害气体（统称为炮烟），它会直接危害矿工的健康和安全。

（2）柴油机排出的废气。柴油是由碳（按质量 $85\% \sim 86\%$）、氢（$13\% \sim 14\%$）和硫（$0.05\% \sim 0.7\%$）组成，柴油的燃烧一般不是理想的完全燃烧，产生很多局部氧化和不燃烧的物质。所以，柴油机排出的废气是各种成分的混合物，其中以氮氧化合物（主要是一氧化氮和二氧化氮）、一氧化碳、醛类和油烟等四类成分含量较高，它们的毒性较大，是柴油机废气中的主要有害成分。一般柴油机废气中的氮氧化物浓度按体积为 $0.005\% \sim 0.025\%$，一氧化碳浓度为 $0.016\% \sim 0.048\%$。

（3）井下火灾产生的有害气体。发生火灾时，由于井下氧气供应不充分，会产生大量的一氧化碳。

（二）含硫矿床产生的主要有毒气体

在开采含硫矿床的矿井里，眼和鼻会有特殊的感觉，这是因为硫化矿物被水分解产生的硫化氢和含硫矿物的缓慢氧化、自燃和爆破作业等产生的二氧化硫所引起的。

（三）放射性元素产生的有害物质

放射性是指某些物质能够自发地放出射线的属性，这些物质称为放射性物质。铀、钍、钾是天然放射性元素，它们广泛地分布于地壳中，因此在非铀矿山（包括煤、金属和非金属矿）同样会遇到铀、钍，其在矿岩中的含量有时超过地壳中的平均含量。

氡、氡子体。氡（Rn）是铀衰变来的，是一种无色、无嗅，并具有放射性的惰性气体。密度为 $0.00973kg/L$，相对密度为 8.1，是目前已知最重的气体。微溶于水，易溶于脂肪。具有强烈的扩散性，能被固体物质所吸附，对其吸附能力最强的是活性炭。

氡原子在不停地衰变，氡子体就不断地产生，绝对不含氡子体的纯氡是不存在的，只要有氡就必然有氡子体。氡子体是一种极细的金属微粒，粒径为 $0.05 \sim 0.35\mu m$，具有荷电性，能牢固地"粘附"在一切物体的表面,形成难以擦掉的"放射性薄层";也很容易和空气中的微细尘粒和雾滴等结合在一起,形成结合态子体和"放射性气溶胶"。

氡及其子体在衰变过程中放射出 α、β、γ 三种射线,这些射线对人体的危害程度,取决于它们的特性。实践证明,矿山井下放射性外照射因其强度较弱对矿工的危害是次要的,矿井的放射性防护主要是针对 α 射线的内照射。据统计,氡子体对人体所产生的危害比氡大 18.9 倍,然而氡是氡子体的母体,从这个角度上说,防氡更具有重要意义。

《放射性防护规定》中指出,矿山井下工作场所空气中氡及其子体最大允许浓度为 1×10^{-10} Ci/L,氡子体的 α 潜能值:4×10^4 MeV/L。通常又以国标(GB)来表示,即 4×10^4 MeV/L = 1GB。所谓氡子体的 α 潜能值是指氡子体的每一个原子都衰变成镭所释放的 α 粒子能量的总和。所以也可以说,矿山井下工作场所中,氡及其子体的最大允许浓度为氡 3.7kBq/m³,氡子体的 α 潜能值为:6.4μJ/m³。国际放射性防护委员会(ICRP)于 1981 年推荐空气中氡子体浓度的限值为 8.36μJ/m³。

（四）有害气体产生危害的条件

从矿井大气的基本分析可以看出。除了氧气含量减少及二氧化碳含量增加是矿井存在的共同现象外,其他的有害因素要在一定的条件下才会产生。在金属矿井,爆破作业频繁或使用柴油设备时,经常出现一氧化碳及氮氧化物;含硫矿床则往往出现硫化氢及二氧化硫;矿岩中含有放射性元素时,还会出现放射性气体氡及其子体。

各种有害因素具有不同的特性。如一氧化碳既不易为人们直观发现,又不溶于水,加之与空气重量相近,易均匀分散在空气中,所以中毒事故所占比例较多。又如矽尘及放射性气体,对人体的危害要经历一定时期才能反映出来,容易被人们忽视。所以对于矿井中的各种有害因素都必须认真对待。

物质对人体"有害",必须同时具备三个必要的条件,即空气中有这些物质存在,并超过一定的浓度;被吸入人体;对人体作用超过一定时间。只有同时满足这三个条件,才对人体产生危害。因此只要采取措施,破坏这三个条件的同时存在,就能达到"无害"的目的。

六、露天矿边坡事故

由于边坡不稳定因素的影响和边坡安全管理的不善,可能会导致露天矿边坡岩体滑动或崩落坍塌。露天开采时,通常是把矿岩划成一定厚度的水平层,自上而下逐层开采。这样会使露天矿场的周边形成阶梯状的台阶,多个台阶组成的斜坡称为露天矿边帮或露天矿边坡。如何控制开采高度与坡度,选取合理的边坡形式与几何形状等,对边坡的稳定性有很大影响。

（一）露天矿边坡的特点

露天矿边坡的特点为:

（1）露天矿边坡一般比较高,从几十米到几百米都有,走向长从几百米到数公里,因而边坡暴露的岩层多,边坡各部分地质条件差异大,变化复杂。

（2）露天矿最终边坡是由上而下逐步形成,上部边坡服务年限可达几十年,而下部边坡服务年限较短,底部边坡在采矿时即可废止,因此上下部边坡的稳定性要求也不相同。

（3）露天矿每天频繁的穿孔、爆破作业和车辆行进。使边坡岩体经常受到振动影响。

（4）露天矿边坡是用爆破、机械开挖等手段形成的。坡度是人为的强制控制,暴露岩体一般不加维护,因此边坡岩体较破碎,并易受风化影响产生次生裂隙,破坏岩体的完整性,降低岩体强度。

（5）露天矿边坡的稳定性随着开采作业的进行不断发生变化。

（二）边坡的破坏类型及破坏规模

1. 边坡岩体的破坏类型

露天矿开采会破坏岩体的稳定状态,使边坡岩体发生变形破坏。边坡破坏的形式主要有崩落、散落、倾倒坍塌和滑动等。边坡岩体的破坏类型按破坏机理可分为以下四类：

（1）平面破坏：边坡沿某一主要结构面如层面、节理或断层面发生滑动，其滑动线为直线；

（2）楔体破坏：在边坡岩体中有两组或两组以上结构面与边坡相交，将岩体相互交切成楔形体而发生破坏；

（3）圆弧形破坏：边坡岩体在破坏时其滑动面呈圆弧状下滑破坏；

（4）倾倒破坏：当岩体中结构面或层面很陡时，每个单层弱面在重力形成的力矩作用下向自由空间变形。

2. 边坡岩体的破坏规模

当边坡岩体发生滑动破坏时，由于受各种因素和条件的影响，其滑动的速度是各不相同的。有的滑动破坏是瞬间发生的，而有的滑动破坏是缓慢的，在一段时间内完成整个破坏过程。

分析边坡岩体破坏时的滑动速度大小，对预防矿山事故是非常重要的。按照边坡岩体的滑动速度，边坡岩体的滑动破坏可分为蠕动滑动（小于 10^{-5} m/s）、慢速滑动（$10^{-5} \sim 10^{-2}$ m/s）、快速滑动（$0.01 \sim 1.0$ m/s）、高速滑动（大于 1.0 m/s）四种类型。

露天矿边坡岩体发生破坏时所产生的后果不但取决于其破坏的类型、破坏的速度，还取决于破坏的规模即下滑岩体体积的大小和滑动岩体的范围。边坡岩体的破坏规模可分为小型滑落（小于1 万 m^3）、中型滑落（1 万～10 万 m^3）、大型破坏（10 万～100 万 m^3）、巨型滑落（大于 100 万 m^3）四种类型。

边坡破坏形式、破坏岩体的滑动速度、破坏规模三个要素在每次边坡破坏过程中都能反映出来。三个要素的综合作用决定了一次边坡破坏过程可能造成的危害。如果在事故发生前能较正确地预测这三个要素，就能提前采取有效的措施，制止边坡破坏的发生或使边坡破坏时所造成的危害减少到最低限度。

七、尾矿库事故

尾矿是以浆体形态产生和处置的破碎、磨细的岩石颗粒，常视为矿物加工的最终产物,即选矿或有用矿物提取之后剩余的排弃物。

（一）尾矿库溃坝事故的直接原因

根据不完全统计,导致尾矿库溃坝事故的直接原因为:洪水约占50％,坝体稳定性不足约占20％,渗流破坏约占20％左右,其他约占10％。而事故的根源则是尾矿库存在隐患。尾矿库建设前期工作对自然条件(如工程地质、水文、气象等)了解不够,设计不当(如考虑不周);盲目压低资金而置安全于不顾,由不具备设计资格的设计单位进行设计等或施工质量不良是造成隐患的先天因素。在生产运行中,尾矿库由不具备专业知识的人员管理,未按设计要求或有关规定执行,是造成隐患的后天因素。

（二）尾矿库险情的判断

尾矿库险情预测就是通过日常检查尾矿库各构筑物的工况,发现不正常现象,预测可能发生的事故,具体检查的内容有:

（1）坝前尾矿沉积滩是否已形成,尾矿沉积滩长度是否符合要求,沉积滩坡度是否符合原控制(设计)条件。调洪高度是否满足需要,安全超高是否足够,排水构筑物、截洪构筑物是否完好畅通,断面是否够大,库区内有无大的泥石流、泥石流拦截设施是否完好有效,岸坡有无滑坡和塌方的征兆。这些项目中如有不正常者,就是可能导致洪水溃坝成灾的隐患。

（2）坝体边坡是否过陡,有无局部坍滑或隆起,坝面有无发生冲刷、塌坑等不良现象,有无裂缝、是纵缝还是横缝、裂缝形状及开展宽度、是趋于稳定还是在继续扩大、变化速度怎样(若速度加快,裂缝增大,且其下部有局部隆起,这是发生坝体滑坡的前期征兆),浸润线是否过高,坝基下是否存在软基或岩溶,坝体是否疏松。这些项目中如有异常者,就可能导致坝体失稳破坏。

（3）浸润线的位置是否过高(由测压管中的水位量测或观察其出逸位置),尾矿沉积滩的长度是否过短,坝面或下游有无发生沼泽化,沼泽化面积是否不断扩大,有无产生管涌、流土,坝体、坝肩和不同材料结合部位有无渗流水流出,渗流量是否在增大,位置是否有变化,渗流水是否清澈透明。这些项目中如有不正常者就是可能导致渗流破坏的隐患。

（三）尾矿库安全度评价

尾矿库安全度分类,主要根据尾矿库的防洪能力和尾矿坝坝体的稳定性确定。安全度分为危库、险库、病库和正常库。

（1）尾矿库有下列工况之一的为危库:尾矿坝的最小安全超高和尾矿库的最小干滩长度达不到设计规范的要求,不能确保坝体的安全;排水系统严重堵塞或坍塌,不能排水或排水能力急剧降低,排水井显著倾斜,有倒塌的迹象;坝体出现深层滑动迹象;其他危及尾矿库的情况。

（2）尾矿库有下列工况之一的为险库:尾矿坝的最小安全超高和尾矿库的最小干滩长度达不到设计规范的要求,但平时对坝体的安全影响不大;排水系统部分堵塞或坍塌,排水能力有所降低,达不到设计要求;坝体出现浅层滑动迹象;坝体出现贯穿性的横向裂缝,且出现较大的管涌,水质浑浊挟带泥砂或坝体渗流在堆积坝坡有较大范围逸出,且出现流土变形;其他影响尾矿库安全运行的情况。

（3）尾矿库有下列工况之一的为病库:尾矿坝的最小安全超高和尾矿库的最小干滩长度达不到设计规范的要求;排水系统出现裂缝、变形、腐蚀或磨损,排水管接头漏砂;堆积坝的整体外坡坡比陡于设计规定值,或虽符合设计规定,但部分高程上的堆积坝边坡过陡,可能形成局部失稳;经验算,坝体稳定安全系数小于设计规范规定值;浸润线位置过高,渗透水自高位溢出并使坝面出现沼泽化;坝体出现较多的局部纵向或横向裂缝;坝体出现小的管涌并挟带少量泥砂;堆积坝外坡冲蚀严重,形成较多或较大的冲沟;坝端无截水沟,山坡雨水冲刷坝肩;其他不正常现象。

（4）同时满足下列工况的为正常库:尾矿坝的最小安全超高和尾矿库的最小干滩长度均符合设计要求;排水系统各构筑物符合设计要求,工况正常;尾矿坝的轮廓尺寸符合设计要求,稳定安全系数及坝体渗流控制满足要求,工况正常。

第五节 危险源的评估与管理

对危险源的评估与管理要联系生产实际,参照以往的经验和控制效果进行,既要分析可能发生的事故后果,更要实事求是地分析事故发生的可能性,还要考虑与需要采取措施的能力相适应,风险级别是综合分析评价的结果。

一、危险源风险级别的确定

风险评价时首先确定危害的严重度和可能性,然后结合风险矩阵判断表确定风险级别。

依据风险严重度作为判断标准:灾难的,可能造成3人及3人以上死亡或系统报废,短期内无法修复;严重的,可能造成1~2人死亡或系统严重损坏;一般的,可能造成重伤、严重职业病;轻度的,可能造成轻伤、一般职业病或系统轻度损坏;

依据风险可能性作为判断标准:频繁发生的,在寿命期内会高频率地、连续地出现;经常发生的,在寿命期内可能发生若干次;不易发生的,极少在寿命期内发生,但有理由预期可能发生;极不易发生,以至于可以认为不会发生,但有可能发生。

评价风险时的注意事项有:第一,对辨识出的特别关注的危害因素,要按照分级管理原则进行重点控制。第二,重点控制的危险源有:对需特别关注的;曾经发生过多次且目前无良好控制措施的;违反法律、法规的,预计导致事故结果在重伤或重伤以上的或造成灾难性财产损失的;以前曾经发生过的危害;违反法律法规的,预计可能导致事故结果在重伤以下的,或造成重大财产损失的;利益相关者强烈抱怨的事故或危害事件。第三,当发生以下情况时,应及时更新评估危险源:当企业生产经营范围及管理流程发生变化时;法律、法规、标准发生变更时;研究、开发、引进新技术、新工艺、新设备时;对事故危害有新的评价时;在采用新技术、新工艺、新设备前,应分别识别出其存在的危害因素,评价风险级别,制定控制措施。

二、风险源的管理

(一)风险管理的基本原则

针对不同的风险等级,应采用不同的控制措施。不可容许的风险必须立即采取措施;中度的风险应尽可能降低,但要在保证守法的前提下,应采用成本—效益分析和成本—有效性分析等方法确定所应采取的风险管理措施;对于可承受的风险则可以不采取措施。

(二)风险源的控制

企业要定期开展危险源辨识,风险评价工作,系统地识别各种生产经营活动中可能造成人员伤害、财产损失和工作环境破坏的因素,全面掌握本部门的安全风险状况。对识别出的危险源应根据严重程度分类管理,确定风险等级,针对重大风险进行重点控制,必须建立危险源的辨识、风险评价和控制管理制度,建立必要的记录和台账,定期对执行情况进行检查考核。安全主管部门及相关职能部门要随时监督重大风险的控制情况。在自身力量无法处理的情况下,各部门要根据轻重缓急,认真研究,制定方案,及时呈报企业。

(三)风险控制措施的选择

选择风险控制措施应遵循消除风险—降低风险—个体防护的顺序进行。一般应通过制定和实施管理方案、对职工进行意识教育及能力培训、程序控制、监测和测量及应急计划五种途径来实施。

应针对生产经营及服务管理对象存在的不可容许的风险制定风险控制措施。

(四)风险控制措施的评审

应对所制定的风险控制措施进行评价,通过评审,使风险控制措施保证能将风险降到可承受的水平,实施控制措施不会产生新的重大风险,投资效果好,受影响人员的满意度高,且能被坚决执行。

第九章 安全管理体系的监测、运行与改进

第一节 体系的检测、检查机制

安全管理体系是系统化、程序化和高度自我约束、自我完善的科学管理体系,体系内有严格的三级监控机制。

安全管理体系的核心是对风险因素的辨识、评价和控制。对不可容许风险制定目标和管理方案,使之转化为可接受的可容许风险;对于已处在可容许风险水平以下的所有活动风险,实施有效控制措施,使其处在能接受的可容许风险水平,并努力防止其变为不可容许风险。风险控制系统如图 9-1 所示。

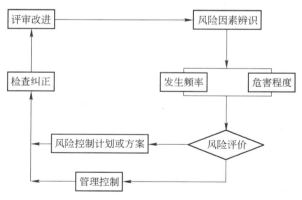

图 9-1 安全管理体系风险控制示意图

风险控制示意图指出了安全管理体系控制的实质,安全管理体系通过绩效测量和监视、审核、管理评审建立三级监控机制。其

196

监控机制如图 9-2 所示。

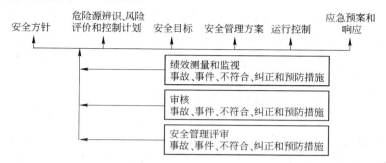

图 9-2 安全管理体系的三级监控机制

安全管理体系的绩效测量和监视、审核和管理评审均具有独立发现问题、解决问题的功能,再与事故、事件、不符合、纠正和预防措施条款结合在一起就构成了相当严密的体系监控系统。

绩效测量和监视与事故、事件、不符合、纠正和预防措施结合在一起构成了安全管理体系的第一级监控机制。它包括对生产操作和基层管理的监督检查,也包括对安全目标、绩效的例行测量。它解决问题的方法是按程序要求及时处理,并对其运行情况做出实施有效性和法规符合性的判断。

第一级检测是绩效测量和监测,是安全管理体系有效运行和纠正发生偏离方针、目标、指标情况的保障;是安全管理体系全员参与动态管理的重要手段;是体系不断持续改进的关键,是评价体系内各部门建立安全管理体系是否有效并防止事故、事件和不符合再次发生的关键。

绩效是企业根据安全管理方针和目标,在控制和消除安全生产风险方面所取得的可测量的结果。绩效测量和监测程序应通过提供对安全管理活动(定性)和结果(定量)两个方面的测量,实现对各部门安全管理目标实施与实现程序及风险控制效果的监测,保证实施过程不偏离方针、目标所规定的方向。

第二级监控机制体系运行的有效性监测,由审核和事故、事件、不符合、纠正和预防措施组成，它是由领导授权的内审人员独立进行的监督检查，是按审核准则要求进行的文件化、系统化、规范化的正规审核，是集中发现问题、并集中解决问题的一种有效手段，它可有效弥补日常监督检查中存在的不足，是保证安全管理体系正常运行的重要措施之一。

第三级监控机制是管理者评审，由管理评审和事故、事件、不符合、纠正和预防措施组成。管理评审由企业最高管理者主持，主要解决目标的实现程度、方针修改和持续改进的要求等，一般不涉及具体的问题。但必须对体系的持续适用性、有效性和充分性进行评审，提出改进的方向并保障体系运行所需的资源。

第二节　体系的绩效监测

安全管理体系重视主动监测，充分发挥企业各部门的作用，用于检查企业安全生产活动的符合性，推动安全管理体系健康发展。

一、监测重点

监测的重点包括：

（1）危险源的识别、风险评价和风险控制结果中与重大风险控制有关的内容。在体系运行过程中应明确消除了多少危害，发现了多少危害，采取了多少行之有效的控制措施和对体系运行投入了多少资金等，是否把危害的动态管理和措施的持续改进上升为新的安全管理手段。

（2）法律、法规及其他要求的符合性监测。企业各部门应充分获取、识别并掌握所适用的法律、法规及其他要求。对此，各部门应明确法律、法规及其他要求的覆盖范围；是否为最新有效的版本；是否按要求执行；是否对有关法律、法规的遵守情况进行了定期评价；是否对存在的不符合法律、法规要求的问题采取了纠正和预防措施。

（3）安全培训效果的测量和监测。真正反映安全培训具体效果的是职工能否把培训的内容应用到实际工作中;是否严格遵守相关法律、法规和其他要求;是否具有安全意识;重大生产事故、设备事故、人身事故和其他未遂事故是否正在消除或杜绝;是否把辨识危害当成了自觉行动;是否在工作中发现危害后主动采取措施控制;有关安全生产建议的数量是否增加等。

（4）作业条件监测。对例行监测点,按监测计划和频率实施监测。对在危害辨识时已辨识出具有危害,但又未列入例行监测的岗位,各部门应根据风险程度的不同,参照主管部门的意见,确定监测对象和监测频次。

（5）特殊设施、设备的检测。企业应根据危险源识别和风险评价的结果、法律、法规及其他要求,对特种设备和装置制定监测计划和检测频率,并认真实施和记录。对检测不合格的设备、装置应及时处理,否则,应悬挂禁用标志并严禁使用。

（6）与人有关的指标监测。具体包括职工受培训人次、合理化建议征集数、合理化建议采纳率、个人防护用品使用率和千人负伤率等。

二、监督检查手段

监督检查手段主要有:

（1）设备的监督检查。各部门应列出职责范围内的重要关键设备清单,并保存点检、维护活动和结果的记录,以检查与安全有关的部件是否适合及处于良好状态。若不适合或未处于良好状态,应采取适当措施加以纠正。

（2）劳动、操作纪律检查。纪律是执行程序、文件的保证,是评估职工的行为、识别可能需要纠正不安全工作方式的可靠手段。

（3）安全记录检查。各部门应保存实施各个程序文件和作业指导书的记录,达到见到程序能找到记录,见到记录能找到相关程序、文件,实现记录的可追溯性。同时,应对安全生产检查、巡视、调查和审核的记录进行抽样分析,以识别"不符合"和危害反复出现的根本原因,并采取必要的预防措施。对于检查时发现的达不到标准要求的作业条件、不安全状态等情况,应作为"不符合"并形成文件,进行风险评价,按照不符合的处理程序予以纠正。

(4)测量设备的检查。各部门应列出用于评价安全生产的测量设备清单,并保存所有校准、维护活动和结果的记录,保证测量设备始终处于良好状态。

(5)其他方面的测量和监测。具体有:对应急预案与响应管理程序规定内容的测量和监测、对危险物品等有关运行控制的程序、文件规定内容的测量和监测,各部门应根据实际情况,按规定的周期和频率实施。对发现的"不符合",应按"不符合"处理程序予以纠正,对反复出现的"不符合"应反复测量和监测,不断总结整改,直至"不符合"得到彻底纠正。

三、安全管理的奖惩

为建立公平、合理的安全管理考核奖惩机制,鼓励先进,发挥全体职工的工作积极性和创造精神,督促全体职工遵守各项安全规章制度,认真履行工作职责,依据绩效检测结果实施必要的奖惩。

(一)考核基本内容

考核的基本内容包括:安全管理制度的遵守情况;安全工作质量与业绩,对安全工作方法改进所取得的效益;安全法律法规的遵守情况。

(二)考核程序

考核采用量化考评和自我评议相结合的原则,以规章制度管理表格的记载为主要依据。考核分月度考核、季度考核和年终考核,月度考核先由部门负责汇总统计全体职工的安全工作质量与业绩、安全法律法规和管理制度的遵守情况;季度考核在月度考核的基础上,通过民主评议完成量化打分;年终考核由部门领导组成考核小组,根据个人工作总结和月度、季度考核结果,进行综合考评打分。各级考核结果作为各阶段福利、奖金发放以及奖惩的依据。

（三）奖惩

对工作表现积极、工作成绩突出的个人，将给予精神奖励和必要的物质奖励；对工作拖沓、无条理、屡次出现工作失误的，将给予批评，情节严重的给予必要的物质惩罚。

第三节　对安全体系的运行监测

矿山企业需要明确安全管理体系的监测和测量的内容、时机、方法，以确保监测活动按规定进行，并确保安全管理体系的有效性。

一般企业安全管理监察部门是安全体系绩效测量和监测的管理职责部门；各安全分支机构及安全员负责现场人身安全绩效、职业卫生和企业主要作业活动的环境控制情况的测量和监测；各生产部门负责各自生产范围的生产安全和环境控制的日常检查和监督；保卫部门负责保卫和消防工作绩效及其环境控制情况的测量和监测；资产管理部门负责监测设备的管理和交通工作绩效、机械安全及其环境控制情况的测量和监测；工会参与上述各职能部门对生产安全和环境控制的检查，依法实施群众监督。

一、体系测量与检测的基本内容

企业各职能部门应对其职责范围内的生产安全状况和有关活动对环境的影响进行测量和监测，对存在的薄弱环节，及时进行分析，采取相应的措施，以改进生产安全绩效和减少对环境的影响。体系测量和监测的基本内容包括：

（1）体系目标、指标和管理方案的实施情况。各职能部门负责定期对各自的安全生产的目标、指标、管理方案的实施情况进行一次测量和监测，包括实施过程中的监督和检查。安全体系运行责任部门每年组织对目标、管理方案的完成情况进行总结，对未完成者进行原因分析，并制定相应的改进措施。

（2）体系运行的有效性情况。

（3）安全管理和环境控制情况,包括:

1）各级人员的安全健康和安全意识;

2）适宜的法律、法规,以及企业各项管理规定、程序、作业文件等的执行情况;

3）人员的安全生产知识培训情况、特殊人员的资质、技能情况;

4）人员、机械、消防、现场保卫、交通的安全管理及环境因素的控制情况;

5）作业活动对职工及环境的影响;

6）后勤卫生、后勤安全管理及环境因素的控制情况。

7）潜在风险点及安全生产事故、事件。

二、安全管理体系运行情况的测量和监测

安全管理体系运行情况的测量和监测内容包括:

（1）企业安全管理体系运行部门应通过经常性的检查和观察,及时掌握安全管理体系的运行情况,对发现的问题采取有效方法进行控制。

（2）企业每年进行两次安全管理体系包括所有部门的内审。必要时,各部门可组织部门内部的审核活动,全面检查安全管理体系运行的符合性和有效性。

（3）充分利用外部矿山安全生产监管机构及其他相关部门的安全评价结果,将其作为安全管理体系运行情况测量和监测的有效手段之一。

（4）矿山企业最高管理者每年组织一次安全体系的整体评估活动,全面审核体系的适宜性、充分性和有效性。

三、安全生产管理的测量和监测

安全生产管理的测量和监测内容包括:

（1）对安全生产管理的测量和监测应依据国家、行业、地方法律、法规、标准、制度的要求,结合企业的规定和具体情况进行。

（2）各职能部门应在年初编制年度安全生产管理绩效检查计划,对年度检查进行预先策划,并在实施检查前编制具体检查实施计划,明确检查的项目、内容和依据,以及应形成的记录、检查结果分析要求等。通过对安全生产管理所涉及各项内容的检查,测量和监测企业安全生产管理绩效。

（3）企业安全监察管理部门协同保卫、机械、总务等部门定期进行安全生产大检查,从人身安全、机具安全、交通安全、消防安全、现场保卫、职业卫生、后勤卫生,以及作业活动等几方面综合检查企业安全生产的管理状况。

（4）对人身安全管理和环境因素的控制情况,各职能部门应每月进行一次检查,班组每周进行一次检查,专职安全员进行日常巡查。

（5）对交通安全情况,企业资产管理部门每年年底,对企业驾驶员进行一次安全考核。部门应定期组织交通安全分析会。

（6）企业相关职能部门应重点开展防火、防水等专项检查,并每日对重点部位进行巡查。

（7）机械安全绩效测量和监测的实施依据资产管理部门规定执行,发现问题与安全管理部门联系进行必要的监测和控制。

（8）针对环境因素对作业人员和周边环境的影响,企业安全监察管理部门应结合现场情况,每年制订年度监测计划,组织有关部门或委托经过授权的测量单位对噪声、废弃物等污染物的排放每年至少进行一次监测,根据监测结果进行评价,采取必要的防护和治理措施。企业根据规定,组织医务部门对职工进行体检。

（9）企业每季度的综合安全管理大检查应形成检查报告,其他各类检查应记录发现的"不符合",并对其纠正情况进行跟踪。

（10）安全隐患及安全事故、事件的监测。各职能部门应对其职责范围内的事故、事件和"不符合",包括人身事故、机械事故、火灾、火险、交通事故等的次数、涉及的人数、程度、具体类别、原因、经济损失及其处理情况进行测量和监测,按照国家、行业等的有关要求形成记录或报告。

四、测量和监测的后续行动

测量和监测的后续行动包括:

(1)生产部门应每半年对其职能范围内的安全生产管理情况进行一次汇总、分析,提出存在的问题和改进意见,形成趋势分析报告,报企业体系运行部门。

(2)安全管理体系主要职能部门应每年对其职能范围内的安全管理情况进行总结,作为对安全管理体系定期评审的输入。

(3)通过各类测量和监测活动发现的安全管理方面存在的问题,企业各职能部门应责成责任部门及时整改,必要时应对其原因进行分析,及时采取纠正措施和预防措施。

(4)在测量及监测过程中发现新的需要控制的危害因素和环境因素,应进行辨识、评价,采取相应的控制措施,依据具体生产过程安全管理的规定执行,对于涉及到有关文件的更改,按既定程序对相关安全管理文件进行修正。

五、体系监测的记录要求

体系监测的记录要求包括:

(1)企业、生产部门等各级安全管理检查形成的记录和报告,由检查的组织部门保存,并定期将情况汇总上报各职能部门。

(2)各生产部门趋势分析报告,由其职能部门形成,上报企业安全管理体系责任部门保存。

(3)对安全管理目标、指标、管理方案的实现情况和安全管理体系运行情况的测量和监测的记录,由有关各职能部门形成并分别保存。

(4)"不符合"和安全事故、事件,及其处理情况的监测记录由各职能部门形成并分别保存。

第四节　体系的持续改进

持续改进是企业安全管理所追求的永恒目标,通过不断发现问题,不断地改进,促使企业安全管理体系不断完善。企业应利用以下几个方面主动寻找改进的机会:(1)通过安全方针的贯彻,促进全体员工改进意识的提高,通过安全方针和目标实现情况的评价,明确改进的业绩和进一步改进的要求;(2)通过安全目标的合理细化和分解,落实具体改进的要求,通过积极地完成各项指标,落实计划的改进;(3)通过数据分析,了解有关的现状和发现改进的机会;(4)通过对安全体系审核结果和相关的纠正措施和预防措施的实施,消除现存和潜在的安全隐患,减少和避免安全事故的发生,以形成安全管理体系的改进;(5)通过对安全管理体系的整体评价,发现改进机会,策划改进的方案,提出改进的要求;(6)根据外部监管、法律法规环境的要求,开展持续改进活动。

一、纠正措施

纠正措施是针对企业内部原因产生的产品、过程和安全管理体系的事故、事件、"不符合"采取纠正措施的控制,消除已有安全问题,避免或减少其再发生。纠正措施基本操作流程见图 9-3。

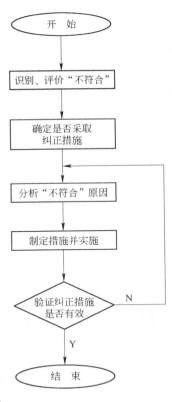

图 9-3　纠正措施流程图

（一）识别事故、事件和"不符合"信息

需要加以纠正的信息主要来源于：

（1）职业安全健康、环境"不符合"报告；

（2）监测和测量中发现的违背有关法律、法规、程序、制度和规定的情况；

（3）安全管理评审中提出的问题；

（4）安全事故、环境事件；

（5）内、外审提出的"不符合"报告；

（6）过程测量、数据分析的结果。

（二）对安全事故、事件的评审

针对上述事故、事件和"不符合"信息，应综合考虑其发生的频次、重复发生的可能性、已造成和潜在的影响、"不符合"的严重程度、由于发生和重复发生的可能需承受的风险等情况，确定是否需要采取纠正措施。

（1）对职业安全健康、环境的事件、事故，以及审核中提出的"不符合"均应采取纠正措施。对以下"不符合"可考虑采取纠正措施：违背有关法律、法规、程序、制度和规定，而没有采取有效措施；安全管理评审中提出的需要纠正的问题。

（2）对于确定需要采取纠正措施的事故、事件和"不符合"，各职能部门应与责任部门进行沟通，由责任部门填写"纠正措施表"。

（三）制订及实施纠正措施

制订及实施纠正措施包括：

（1）各责任部门应分析事故、事件和"不符合"产生的根本原因，必要时邀请其他部门共同参与，找出其主导因素。

（2）由各责任部门针对事件、事故和"不符合"原因的主导因素制定相应的纠正措施，经责任部门负责人审批后执行。

（3）责任部门按照制订的纠正措施进行实施，并对纠正措施的实施情况进行记录。纠正措施完成后，职能部门进行验证。

（四）纠正措施的验证

纠正措施的验证包括：

（1）职能部门应对纠正措施的实施情况进行验证，评价纠正措施实施的有效性，以确保纠正措施按要求实施并达到预期效果。

（2）如果纠正措施没有达到防止事故、事件和"不符合"再次发生的目的，应重新分析其产生的原因，重新制定纠正措施并实施。

（3）纠正措施经过验证，确认达到预期效果后，"纠正措施表"即可关闭。

（五）后续行动

后续行动包括：

（1）采取纠正措施可能会引起文件的更改。更改文件应按矿山企业安全文件管理制度的规定要求执行。

（2）体系运行部门、安全管理部门及环境监察部门将已实施纠正措施情况进行汇总分析，以作为将来采取预防措施的依据。

（3）各职能部门负责把采取纠正措施的有关信息提交安全管理评审，作为进行持续改进的依据。

二、预防措施

预防措施是为消除潜在的安全隐患或其他产生安全不期望情况的原因所采取的防备性措施，是对因企业内部原因而引起的事故、事件、潜在安全隐患实行预先控制的基本方式。目的是消除潜在安全隐患，防止安全问题的发生。具体实施流程见图9-4。

（一）安全预防涉及的主要部门职责

安全预防涉及的主要部门职责为：

（1）安全体系运行责任部门是对各安全管理体系的安全隐患及潜在"不符合"采取预防措施的主管部门，并负责对其有效性进行验证。

（2）安全管理监察部门是对职业安全健康事故、事件和相关环境问题有关的安全隐患及潜在"不符合"采取预防措施的管理职

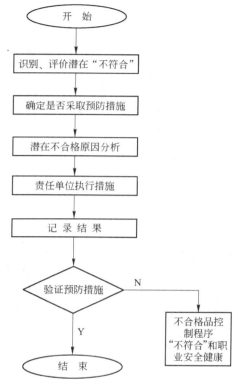

（3）安全管理监察部门是对安全、职业健康事故、事件和相关环境问题及职责范围内安全隐患及潜在"不符合"采取预防措施的主管部门，并负责对其有效性进行验证。

（4）资产管理部门是对机械设备、事件和相关环境问题及职责范围内安全隐患及潜在"不符合"采取预防措施的主管部门，并负责对其有效性进行验证。

（5）后勤保障部门是对后勤保障问题及职责范围内安全隐患及潜在"不符合"采取预防措施的主管部门，并负责对其有效性进行验证。

图 9-4 预防措施流程图

（6）责任部门负责安全隐患及潜在"不符合"原因分析、预防措施的制订、实施和记录。

（二）采取预防措施依据的信息

确定需要采取安全预防措施的主要信息来源有：

（1）以往在职业安全健康、环境控制和体系运行方面的经验和教训；

（2）其他部门发生的事故、事件、"不符合"和纠正预防措施信息；

（3）企业安全管理危险、环境因素评价结果；

（4）外部安全管理、监察机构以及法律法规等明示和隐含的需求和期望；

（5）安全管理评审、内审、外审的输出等；

（6）过程测量、数据分析的结果。

（三）评价信息，确定采取预防措施

（1）各职能部门，应对上述各种信息进行分析，评价一旦发生事故、事件和"不符合"对职业安全健康的影响，对影响较大、程度严重、财产损失较大或需承受较大风险的，应事先确定采取的相应的预防措施。

（2）在编制安全生产组织设计时，应通过了解以往安全管理体系运行中的经验和教训，考虑危险因素评价结果，预先确定体系运行中应采取的预防措施。

（3）内外部安全检查中发现的安全隐患，如在其部门有存在的可能，或对其他部门有启迪、借鉴作用时，职能部门应要求其他部门采取预防措施。

（四）预防措施计划的制定及实施

预防措施计划的制定及实施包括：

（1）安全生产时确定的需要采取的预防措施，应组织有关部门对其可能产生潜在"不符合"的原因进行分析，确定责任部门，由责任部门针对原因制定预防措施，确定采取预防措施的时机等，形成预防措施计划，编写在安全组织设计中，以便在安全进程中实施、监督。

在安全生产组织设计中提出的预防措施计划，应随着生产的进程，根据安全生产组织设计中提出的时机，制订详细的预防措施并及时实施，同时由实施单位填写"预防措施表"。

（2）各职能部门根据有关信息和内、外部安全检查"不符合"项确定采取的预防措施。应由职能部门与责任部门及时沟通，由责任部门进行原因分析，并针对原因制定预防措施，填写在"预防措施表"中，经负责人签字确认。

（3）如预防措施实施的持续时间较长，或同样的预防措施需在不同阶段、不同区域实施,可分阶段、分区域进行实施,并由实施该阶段、区域预防措施的责任部门填写"预防措施表"。

(4)预防措施应由责任部门按照制定的预防措施计划,落实人员,按照规定的目标和进度要求组织实施,并对其实施情况进行记录。预防措施完成后应通知职能部门进行验证。

(五)预防措施的验证

预防措施的验证包括:

(1)职能部门应对预防措施的实施情况进行验证,评价预防措施实施的有效性,以确保预防措施按要求进行并达到预期效果。

(2)如经过验证,预防措施没有达到预期的要求,如发生了安全事故和环境事件或"不符合",则按安全管理体系的具体规定要求进行控制。

(六)后续行动

后续行动包括:

(1)采取预防措施可能会引起文件的更改。更改文件应按企业安全文件管理的有关规定要求执行。

(2)安全管理体系运行部门、安全环境监察部门将已实施的预防措施情况进行汇总分析,以作为将来采取预防措施的依据。

(3)各职能部门负责把预防措施的有关信息提交安全管理评审,作为进行持续改进的依据。

第五节　体系的管理评审

矿山企业的安全管理体系需要定期进行评价审核,以确保安全体系运行的持续适宜性、充分性和有效性。应由企业安全管理的最高负责人主持安全管理评审工作,安全管理部门的责任人负责报告安全管理体系运行情况,提出改进的建议,落实计划及组织协调工作。安全管理部门负责编制安全管理评审计划、改进措施计划及改进措施实施后的跟踪和验证工作；各相关部门负责并提供与本部门有关的评审所需的资料，落实安全管理评审中提出的改进措施的实施工作。

一、安全管理评审的内容

（一）安全管理评审计划的制定

安全管理评审每年进行一次，对该年度的安全管理体系运行情况进行评审，评价企业的安全管理体系（包括方针和目标）改进的机会，是否需要改进。其时间间隔一般不超过 12 个月，特殊情况下可增加安全管理评审频次。

由安全管理部门对各部门提供的资料进行整理汇总，依据安全管理最高负责人提出的安全管理评审时间、要求，确定评审的具体内容，编制安全管理评审计划。

年度安全管理评审计划的内容包括：评审目的；评审时间及参加部门及人员；评审内容。

（二）安全管理评审的内容

安全管理评审的输入为安全管理评审提供充分和准确的信息，是安全管理评审有效实施的前提条件。安全管理评审的内容包括：

（1）安全管理体系审核结果（包括内部和认证机构的审核报告）；

（2）职工反馈的重要信息；

（3）过程的运作情况、工作质量状况及安全环境等方面的绩效；

（4）方针、目标以及纠正和预防措施的实施情况；

（5）前次安全管理评审所确定的改进措施的执行情况；

（6）可能影响安全管理体系的变化（如企业的组织机构、产品结构、资源发生的重大改变与调整；企业发生重大环境、安全、质量事故；相关的法律法规、标准及其他要求发生的变更）；

（7）由于各种原因引起的企业的产品、过程和安全管理体系改进的建议。

二、安全管理评审的实施

（一）评审会议

矿山企业的第一负责人主持安全体系运行评审会议,各职能机构、直属单位、附属单位的部门负责人和有关安全管理人员参加。

安全部门最高负责人对所涉及评审内容做出结论(包括进一步调查、验证等)。矿山企业最高负责人对评审后改进活动提出明确要求(包括体系、资源、方针、目标是否需要调整;是否需要进行产品、过程审核等与评审内容相关的要求)。

（二）安全管理评审报告

安全管理评审的输出要反映出对输入进行比较和评价的结果,安全管理评审报告包括:

（1）对当前安全管理体系的总体评价,包括对体系运行的适宜性、充分性和有效性的评价、方针和目标实现情况的评价;

（2）安全管理体系存在的问题及改进措施;

（3）体系运行部门对安全管理评审的输出内容进行整理,形成《安全管理体系评审报告》,发至相关部门、单位。

（4）安全管理体系评审报告的内容应包括:安全管理评审的目的;评审输入的主要内容;安全管理评审输出结论。

（三）改进措施的实施、验证与评价

安全管理部门根据会议评审结果编制改进措施计划,批准后执行。根据问题的性质,改进措施可以是纠正、纠正措施或预防措施。责任部门负责问题的纠正,对需要采取纠正或预防措施的问题,负责制定纠正或预防措施并实施,安全管理部门负责对改进的实施效果进行跟踪和验证,具体执行纠正措施和预防措施,企业安全管理部门的负责人负责对上述措施的实施效果进行评价。

安全管理评审的具体流程如图 9-5 所示。

212

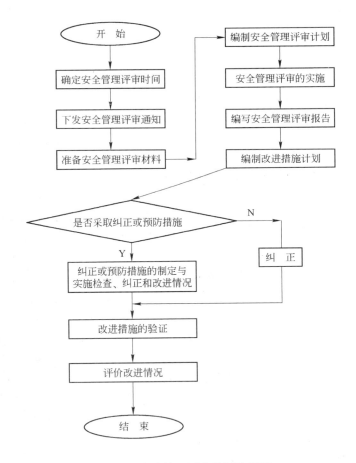

图 9-5　安全管理评审控制流程图

第六节　事故应急预案与事故处理

一、法律法规的要求

《安全生产法》指明了实现安全生产的三大对策体系:一是事前预防对策体系,即要求企业建立安全生产责任制,坚持"三同时"，落实安全投入，进行安全培训，保证安全机构及专业人员，实行危险源管理，推行安全设备管理，落实现场安全管理，实施高危作业安全管理等；同时，加强政府监管，发动社会监督等。二是事中应急救援体系，要求政府建立行政区域内的重大安全事故救援体系，制定社区事故应急救援预案，要求企业进行危险源的预控，制定事故应急救援预案等。三是建立事后处理对策系统，实行事故处理及事故报告制度，强化事故经济处罚，实施事故后的行政责任追究制度，明确事故刑事责任追究等。《安全生产法》的三大对策体系与 OHSAS18001 标准的 PDCA 模式是一致的。

《安全生产法》规范了应急救援制度，第 68 条规定要求地方人民政府合理规划和建立区域事故应急救援机构，制定重大事故应急救援预案；第 69 条对企业提出了具体要求，规定：危险物品的生产、经营、储存单位以及矿山、建筑施工企业应当建立应急救援组织，配备必要的应急救援器材、设备，并进行经常性维护、保养，保证正常运转；第 33 条规定：生产经营单位对重大危险源应当登记建档，进行定期检测、评估、监控，并制定应急预案，告知从业人员和相关人员在紧急情况下应当采取的应急措施。企业应当按照国家有关规定，将本单位重大危险源及有关措施、应急措施报有关地方人民政府负责安全生产监督管理的部门和有关部门备案。

《安全生产法》第 70 条至第 76 条规定了事故报告、事故调查、事故批复、事故统计的规定。第 70 条规定：生产经营单位发生安全事故后，事故现场有关人员应当立即报告本单位的负责人。单位负责人接到事故报告后，应当迅速采取有效措施，组织抢救，防止事故扩大，减少人员伤亡和财产损失，并按照国家规定立即如实报告当地安全生产监督管理部门，不得隐瞒不报、谎报或者拖延不报，不得故意破坏事故现场、毁灭有关证据。第 73 条规定：事故调查处理应当按照实事求是、尊重科学的原则，及时、准确地查清事故原因、查明事故性质和责任，总结事故教训、提出整改措施，并对事故责任者提出处理意见。事故调查处理的具体办法由国务院制定。

二、全国矿山安全生产应急救援体系建设

当前,迅速有效处理各类矿山安全事故的一个有效方式就是推进通过全国矿山安全生产应急救援体系建设。各级政府、企业和全社会共同努力,建设一个统一协调、结构完整、功能完善、机制灵敏、保障有力、运转协调、反应快速、资源共享、符合国情的矿山安全生产应急救援体系。

(一) 建设目标

全国矿山安全生产应急救援体系建设的目标为:

(1) 建立全国矿山安全生产应急救援组织体系,建立健全各级矿山安全生产应急救援管理和协调指挥机构及通信信息平台和网络,形成完整、统一、高效的管理与协调指挥体系;

(2) 充分利用现有应急救援资源,统一规划、合理布局,加强区域性应急救援基地和专业救援队伍建设,加强救援装备,形成覆盖事故多发领域和地区、重点和一般相结合、专业配套、技术先进的队伍体系;

(3) 建立完善的矿山安全生产应急救援通信信息系统、培训演练系统、技术支持系统、物资与装备保障系统等,为应急救援提供可靠的技术、装备、物资支持保障;

(4) 建立健全矿山安全生产应急救援管理、决策、指挥、响应机制,强化应急管理,保证应急救援各方面工作有序、高效进行。

(二) 全国矿山安全生产应急救援体系总体结构

全国矿山安全生产应急救援体系总体结构图如图9-6所示。

(三) 组织体系

为保证矿山安全生产应急救援体系高效有序地运转,建立和完善应急救援的领导决策层、管理与协调指挥体系以及队伍和力量,形成完整的全国矿山安全生产应急救援组织体系,按照统一领导分级管理的原则,全国安全生产应急救援领导决策层由国务院安全生产委员会及国务院安全生产委员会办公室、国务院有关部门、各级地方人民政府组成,如图9-7所示。

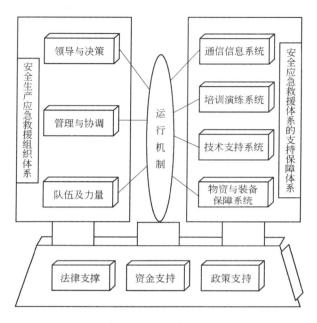

图 9-6　全国矿山安全生产应急救援体系结构图

1. 国务院安全生产委员会

国务院安全生产委员会统一领导全国安全生产应急救援工作。负责研究部署、指导协调全国安全生产应急救援工作;研究提出全国安全生产应急救援工作的重大方针政策;负责对应急救援重大事项的决策,对涉及多个部门或领域、跨多个地区的影响特别恶劣事故灾难的应急救援实施协调指挥;必要时协调总参谋部和武警总部调集部队参加安全生产事故应急救援;协调与自然灾害、公共卫生和社会安全突发事件应急救援机构之间的联系,并相互配合。

2. 国务院安全生产委员会办公室

国务院安全生产委员会办公室承办国务院安全生产委员会工作的具体事务。负责研究提出安全生产应急管理和应急救援工作的重大方针政策和重要措施;负责全国安全生产应急管理工作,统

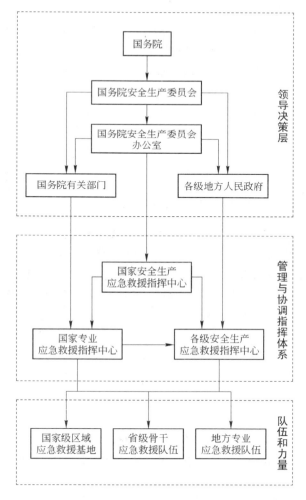

图 9-7   全国安全生产应急救援组织体系示意图

一规划全国安全生产应急救援体系建设,监督检查、指导协调国务
院有关部门和各省、自治区、直辖市人民政府安全生产应急管理和
应急救援工作,协调指挥安全生产事故灾难应急救援;督促、检查
安全生产委员会决定事项的贯彻落实情况。

3. 国务院有关部门

国务院有关部门在各自的职责范围内领导有关行业或领域的安全生产应急管理和应急救援工作,监督检查、指导协调有关行业或领域的安全生产应急救援工作,负责本部门所属安全生产应急救援协调指挥机构、队伍的行政和业务管理,协调指挥有关行业或领域应急救援力量和资源参加重特大安全生产事故应急救援。

4. 各级地方人民政府

各级地方人民政府统一领导本地安全生产应急救援工作,按照分级管理的原则统一指挥本地安全生产事故应急救援。

三、矿山企业预防和警报机制的建立

建立矿山安全预警机制是发达国家的普遍经验。一般来说,安全预警机制包括预防对策体系和外部预防策略两方面内容,其中预防对策体系包括:生产经营单位建立安全生产责任制,确保安全机构及专业人员配备到位,落实安全投入,进行安全培训,实行危险源管理,进行项目安全评价,推行安全设备管理,落实现场安全管理,严格交叉作业管理,实施高危作业安全管理,保证承包租赁安全管理,落实工伤保险等,同时加强政府监管,发动社会监督,推行中介技术支持等。

在实践中,构建矿山企业的预防和警报机制应主要从以下几方面着手:

(1)采取有效措施,强化安全事故防范的预警机制。包括建立高效、快速、灵活的安全事故预警组织体系;建立针对各种安全事故的灵敏、准确的信息监测系统和各系统之间的信息共享机制;建立各种信息的传递、汇报制度,及时捕捉、收集相关信息;列出一切可能导致安全事故发生的各种事件和因素,建立快速、准确的信息分析系统和安全事故确认的指标体系,并在实践中不断加以改进和完善。

(2)建立健全安全事故预控机制。包括建立高效的安全事故防范机构,事前做好安全事故处理的各种准备,使安全事故防范机

构具有迅速控制安全事故的各种手段;建立快速、准确的预警信息传递通道;建立一支反应灵敏、行动迅速、效率很高的应急处理队伍;在预控措施未起到作用时,应及时启动应急预案。

(3) 增加安全投资,积极采用新的预警技术。依靠技术进步,可促进生产效率的提高和安全状况的改善。为了取得更好的预防、预警效果,应增加安全投资,积极采用新的预警技术,具体包括:预测预警仪器、微震监测系统、计算机辅助探测火灾位置系统、金属矿山安全信息系统等。

(4) 不断引进先进的矿山安全信息系统,推进安全预警工作的信息化建设。如地理信息系统(GIS)在国内外防灾减灾领域得到广泛的应用。该系统利用具有庞大空间分析功能的地理信息系统,建立起矿山地质灾害防灾减灾系统,建立地质灾害信息库和信息网络,确保信息畅通,保证信息资源共享,可为分析灾害、防治灾害提供决策依据。

四、矿山企业事故应急预案的制定

应急救援是为预防、控制和消除事故与灾害对人类生命和财产灾害所采取的反应行动,应急预案使应急救援活动能按照预先周密的计划和最有效的实施步骤有条不紊地进行,这些计划和步骤是快速响应和有效救援的基本保证。

(一) 应急救援方针与原则

应急救援的根本目的必须贯彻以人为本、救死扶伤的理念,组织实施应急救援活动的基本原则应是集中管理、统一指挥、规范运行、标准操作、反应迅速和救援高效。

应急救援预案体系要素包括:方针与原则;应急策划(风险评价、资源分析和法律法规要求);应急准备(机构与职责、应急设备设施与物质、应急人员培训、预案演练、公众教育和互助协议);应急响应(现场指挥与控制、预警与通知、警报系统与紧急通告、通讯、事态监测、人员疏散与安置、警戒与治安、医疗与卫生服务、应急人员安全、公共关系、资源管理);现场恢复、预案管理与评审改进。

（二）应急策划

应急策划是事故应急救援预案编制的基础，是应急准备、响应的前提条件，同时它又是一个完整预案文件体系的一项重要内容。在事故应急救援预案中，应明确基本情况、危险分析与风险评价、资源分析、法律法规要求几个要素，具体为：

（1）基本情况。主要包括企业的地址、经济性质、从业人数、隶属关系、主要产品、产量等内容，周边区域的单位、社区、重要基础设施、道路等情况。

（2）危险分析、危险目标及其危险特性和对周围的影响。主要是针对可能导致重大人身伤亡和财产损失及产生严重社会影响的重大事故灾害风险。对易燃易爆、有毒有害的重大风险列出清单，逐一评估；对一些事故发生概率较低，但预期后果特别严重的重大风险应进行定量化风险评价。危险分析结果应提供：地理、人文、地质、气象等信息；功能布局及交通情况；重大危险源分布情况；重大事故类别；特定时段、季节影响；可能影响应急救援的不利因素。对危险目标可选择对重大危险装置、设施现状的安全评价报告，健康、安全、环境管理体系文件，安全管理体系文件，重大危险源辨识、评价结果等材料确定事故类别、综合分析的危害程度。

（3）资源分析。依据应急救援活动需要资源的类型（人力、装备、资金和供应）和规模（要标明具体数量），并调查清楚现有资源概况和尚欠缺的资源种类和数量，提出资源补充、合理利用和资源集成整合的建议方案。根据确定的危险目标，明确其危险特性及对周边的影响以及应急救援所需资源；危险目标周围可利用的安全、消防、个体防护的设备、器材及其分布；上级救援机构或相邻可利用的资源。

（4）法律法规要求。法律法规是开展应急救援工作的重要前提保障，应明确国家、政府和行业法律法规要求：掌握哪些关于应急方面的法律法规、适合组织或企业部分，遵守相应的法规情况等。尤其应关注一些和应急救援活动密切相关的法规、标准的规定。列出国家、省、市级应急各部门职责要求以及应急预案、应急准备、应急救援有关的法律法规文件,作为编制预案的依据。

（三）确定应急准备

在事故应急救援预案中应明确下列内容:

（1）建立应急救援组织体系。依据重大事故危害程度的级别设置分级应急救援组织机构。首先应成立应急指挥中心,承担起整个应急救援活动的组织协调、资源调配、确定现场指挥人员、组织现场灾害控制、调动应急和救护人员、实施工程抢险、协调事故现场等职责,指挥中心的成员应包括企业主要负责人、安全管理有关责任人等。

（2）在事故应急救援预案中应明确预案的资源配备情况,包括应急救援保障、救援需要的技术资料、应急设备和物资等,并确保其有效使用。

应急救援保障分为内部保障和外部保障。依据现有资源的评估结果,内部保障的内容包括:确定应急队伍,包括抢修、现场救护、医疗、治安、消防、交通管理、通讯、供应、运输、后勤等人员;确定消防设施配置图、工艺流程图、现场平面布置图和周围地区图、气象资料、安全技术说明书、互救信息等存放地点及保管人;应急通信系统;应急电源、照明;应急救援装备、物资、药品等;运输车辆的安全,消防设备、器材及人员防护装备以及保障制度目录、责任制、值班制度和其他有关制度。依据对外部应急救援能力的分析结果,确定外部救援的内容包括:互助的方式,请求政府、相邻企业协调应急救援力量,应急救援信息咨询,专家信息。

矿井事故应急救援应提供的必要资料通常包括:矿井平面图、矿井立体图、巷道布置图、采掘工程平面图、井下运输系统图、矿井通风系统图、矿井系统图,以及排水、防尘、防火注浆、压风、充填、抽放瓦斯等管路系统图,井下避灾路线图,安全监测装备布置图,瓦斯、煤尘、顶板、水、通风等数据,程序、作业说明书和联络电话号码和井下通信系统图等。

预案应确定所需的应急设备,并保证充足提供。要定期对这些应急设备进行测试,以保证其能够有效使用。应急设备一般包括:报警通讯系统,井下应急照明和动力,自救器、呼吸器,安全避难场所,紧急隔离栅、开关和切断阀,消防设施,急救设施和通讯设备。

（3）教育、训练与演练。事故应急救援预案中应确定应急培训计划,演练计划,教育、训练、演练的实施与效果评估等内容。应急培训计划的内容包括:应急救援人员的培训、员工应急响应的培训、社区或周边人员应急响应知识的宣传,培训的重点对象和目标是提高各类应急救援人员的素质和能力。演练计划的内容包括:演练准备、演练范围与频次和演练组织,其目标是检验其应急行动与预案的符合性、应急预案的有效性和缺陷,以及对于应急能力水平的评估。实施与效果评估的内容为:实施的方式、效果评估方式、效果评估人员、预案改进和完善。

（4）互助协议。当有关的应急力量与资源相对薄弱时,应事先寻求与外部救援力量建立正式互助关系,做好相应安排,签订互助协议,做出互救的规定。

（四）建立应急响应

建立应急响应的内容包括:

（1）建立报警、接警、通知、通讯联络方式。依据现有资源的评估结果,确定 24 小时有效的报警装置;24 小时有效的内部、外部通讯联络手段;事故通报程序。接到报警后的初步分析,筛选掉不正确的信息,落实事故的地点、时间、类型、范围,初步分析事故趋势。事故被确认后立即通报政府应急主管部门和相应的应急指挥中心及时向公众和各类救援人员发出事故应急警报,建立通讯程序。

（2）预案分级响应条件。依据事故的类别、危害程度的级别和从业人员的评估结果,可能发生的事故现场情况分析结果,设定预案分级响应的启动条件。

（3）指挥与控制。要以事故发生后确保公众安全为主要目标。按照应急预案的响应程序指挥、协调救援行动,合理使用应急资源,使事故迅速得到有效控制。建立分级响应、统一指挥、协调和决策的程序。

（4）事故发生后应采取的应急救援措施。根据安全技术要求，确定采取的紧急处理措施、应急方案；确认危险物料的使用或存放地点，以及应急处理措施、方案；重要记录资料和重要设备的保护；根据其他有关信息确定采取的现场应急处理措施。事态监测包括监测组织对大气、土壤、水和食物等样品采集、被污染状况测定和对风险的全面评估，监测和分析事故造成的危害性质及程度，以便升高或降低应急警报级别及采取相应对策评估。

（5）警戒与治安。保障现场救援工作顺利开展，救援现场要有警戒线（区域）设定，执行事故现场警戒和交通管制程序，保障救援队伍、物质供应、人员疏散的交通畅通和事故发生前后的警戒开始与撤销的批准程序。预案中应规定警戒区域划分、交通管制、维护现场治安秩序的程序。

（6）人员紧急疏散、安置。应使所有公众熟悉报警系统、集合点、逃生线路、避难所及总体疏散程序，准确地估计事故影响范围、人员影响区域以便组织疏散、撤离，积极搜寻、营救受伤及受困、失踪人员，建立现场毒物泄漏时人员的避难所；疏散区域、距离、路线、运输工具及回迁程序，临时生活的保障等。依据对可能发生事故场所、设施及周围情况的分析结果，确定事故现场人员清点、撤离的方式、方法；非事故现场人员紧急疏散的方式、方法；抢救人员在撤离前、撤离后的报告；周边区域的单位、社区人员疏散的方式、方法。

（7）危险区的隔离。依据可能发生的事故危害类别、危害程度级别，确定危险区的设定；事故现场隔离区的划定方式、方法；事故现场隔离方法；事故现场周边区域的道路隔离或交通疏导办法。

（8）检测、抢险、救援、消防、泄漏物控制及事故控制措施。依据有关国家标准和现有资源的评估结果，确定检测的方式、方法及检测人员防护、监护措施；抢险、救援方式、方法及人员的防护、监护措施；现场实时监测及异常情况下抢险人员的撤离条件、方法；应急救援队伍的调度；控制事故扩大的措施；事故可能扩大后的应急措施。

（9）受伤人员现场救护、救治与医院救治。由专业和接受过急救和心脏恢复培训的人员，事先组成医疗救援小组，在当地卫生部门的配合下，及时地提供应急需要的医疗设备和急救药品。依据事故分类、分级，附近疾病控制与医疗救治机构的设置和处理能力，制订具有可操作性的处置方案，内容包括：接触人群检伤分类方案及执行人员；依据检查结果对患者进行分类现场紧急抢救方案；接触者医学观察方案；患者转运及转运中的救治方案；患者治疗方案；入院前和医院救治机构确定及处置方案；信息、药物、器材储备信息。

（10）公共关系。在重大事故中应明确应急过程中的媒体及公众发言人，协调外部机构并及时地与各部门联系。依据事故信息、影响、救援情况等信息发布要求，明确事故信息发布批准程序；媒体、公众信息发布程序；公众咨询、接待、安抚受害人员家属的规定。

（11）应急人员安全。应急救援行动的原则应是优先确保公众和应急救援人员的安全，严禁冒险指挥，防止造成次生灾害。预案中应明确应急人员安全防护措施、个体防护等级、现场安全监测的规定；应急人员进出现场的程序；应急人员紧急撤离的条件和程序。

（五）现场恢复

应建立应急关闭程序，例如，确认事故得到有效控制程序，下降警戒级别、撤出救援力量和宣布取消应急的程序。事故救援结束，应立即着手现场的恢复工作，有些需要立即实现恢复，有些是短期恢复或长期恢复。事故应急救援预案中应明确：现场保护与现场清理；事故现场的保护措施；明确事故现场处理工作的负责人和专业队伍；事故应急救援终止程序；确定事故应急救援工作结束的程序；通知企业相关部门、周边社区及人员事故危险已解除的程序；恢复正常状态程序；现场清理和受影响区域连续监测程序；事故调查与后果评价程序。

（六）应急救援预案的编制步骤及要求

编制一个完整有效的事故应急救援预案包括编制准备、预案编制、审定与实施、预案的演练、预案的修订与完善五个步骤,如图9-8 所示。

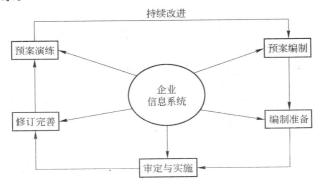

图 9-8　应急救援预案编制步骤

事故救援应在预防为主的前提下,贯彻统一指挥、分级负责、区域为主、自救与社会救援相结合的原则。预案编制应分类、分级制定预案内容。上一级预案的编制应以下一级预案为基础。必须对潜在的重大事故建立应急救援预案,包括冒顶、片帮、边坡滑落和地表塌陷事故,重大瓦斯爆炸事故,重大煤尘爆炸事故,冲击地压、重大地质灾害、煤与瓦斯突出事故,重大水灾事故,重大火灾(包括自燃发火)事故,重大机电事故,爆破器材和爆破作业中发生的事故,粉尘、有毒有害气体、放射性物质和其他有害物质引起的急性危害事故等。

预案编制应体现科学性、实用性、权威性的要求。所谓科学性,就是在全面调查的基础上,实行领导与专家相结合的方式,开展科学分析和论证,制定出严密、统一、完整的事故应急救援方案;所谓实用性,就是事故应急救援方案应符合本矿的客观实际情况,具有实用性,便于操作,起到准确、迅速控制事故的作用;所谓权威性,就是预案应明确救援工作的管理体系,救援行动的组织指挥权限和各级救援组织的职责、任务等一系列的行政管理规定，保证救援工作的统一指挥。制定的预案经相应级别、相应管理部门批准后实施。

预案在编制和实施过程中不能损害相邻利益。如有必要可将企业的预案情况通知相邻地域，以便在发生重大事故时能取得相互支援。预案编制要充分依据危险源辨识、风险评价、安全现状评价、应急准备与响应能力评估等方面调查、分析的结果。同时，要对预案本身在实施过程中可能带来的风险进行评价。

（七）应急救援预案的文件体系结构

1. 基本文件形式

应急救援预案文件体系一般按照四级文件形式，应包括：

（1）一级文件。一级文件为总预案或称为基本预案，应是总的安全管理政策和策划，其中应包括应急救援方针、应急救援（预案）目标、应急组织机构构成和各级应急人员的责任及权利，包括对应急准备、现场应急指挥、事故后恢复及应急演练、训练等的原则的叙述。

（2）二级文件。二级文件是总预案中涉及的相关活动的具体工作程序，针对的是每一个具体内容、措施和行动的指导。规定每一个具体的应急行动活动中具体的措施、方法及责任。每一个应急程序都应包括行动目的和范围、指南、流程表及具体方法的描述，包括每个活动程序的检查表。

（3）三级文件。三级文件为说明书与应急活动的记录，程序中特定细节及行动的说明，责任及任务说明。

（4）四级文件。四级文件是对应急行动的记录，包括制订预案的一切记录，如培训记录、文件记录、资源配置的记录、设备设施相关记录、应急设备检修记录、消防器材保管记录、应急演练的相关记录等。

2. 应急预案的主要程序文件

不同类型的应急预案所要求的程序文件是不同的，完整的应急预案应包括：

（1）预案概况,对紧急情况应急管理提供简述并作必要说明;

（2）预防内容,对潜在事故进行分析并说明所采取的预防和控制事故的措施;

（3）预备程序,说明应急行动前所需采取的准备工作;

（4）基本应急程序,给出任何事故都可适用的应急行动程序;

（5）专项应急程序,针对具体事故危险性的应急程序;

（6）恢复程序,说明事故现场应急行动结束后所需采取的清除和恢复行动。

五、事故的调查和处理

（一）潜在事故报告制度

澳大利亚的矿业公司实行潜在事故的报告制度,即鼓励工人和技术人员寻找事故隐患,对新引进的设备、新的生产工艺、新的工作地点、新的工作环境都要进行风险评估。

日本产业界普遍采用危险预知活动,以"零灾害是大家的心愿,让我们的工作场所更安全"为口号,出发点是重视人,以人为中心,以零事故为目标,通过生动的安全活动,造就良好的安全环境。危险预知活动是发现、解决、掌握危险的实践活动,可划分为把握现状(存在什么样的潜在危险呢)、追究本质(这才是危险点)、确立对策(你会怎样做呢)、设定目标(我们这样做)4个阶段实施。在班前会、工作中强迫职工养成查找危险的习惯,做任何事情都要分析潜在的危险因素,然后采取相应的预防措施,做到安全生产。

可以说,建立潜在事故报告制度是一种行之有效的安全事故防范管理方法。

（二）事故调查和处理

事故发生后,企业应当迅速组织救助,采取一切必要措施,将事故损失降低到最低限度,企业任何单位和个人应服从指挥、调度,参加或配合救助。事故调查处理的一般流程如图9-9所示。

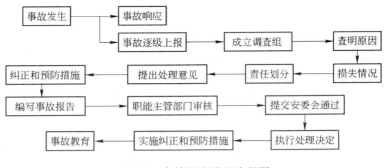

图 9-9 事故调查处理流程图

1. 保护现场

在调查组成立前,企业任何部门和人员均有责任和义务保护事故现场,并做好以下工作:

（1）必须迅速抢救伤员并派专人严格保护事故现场。未经调查和记录的事故现场,不得任意变动。发生特大人员伤亡事故,应立即通知当地政府和公安部门,并要求派人保护现场。

（2）应立即对事故现场和损坏的设备进行照相、录像、绘制草图、收集资料。

（3）因紧急抢修、防止事故扩大以及疏导交通等,需要变动现场,必须经企业有关领导和安全监督部门同意,并做出标志、绘制现场简图、写出书面记录,保存必要的痕迹、物证。

2. 成立事故调查组

根据所发生事故的具体情况由主管部门、公安部门、监察部门、安全生产监督等部门派员组成,并邀请人民检察机关和工会派人员参加,必要时聘请专家技术人员参与。调查组职责为:

（1）查清事故原因、人员伤亡和财产损失情况;

（2）查明事故性质和责任;

（3）提出事故处理及防止类似事故再次发生应采取措施的建议;

（4）提出对事故责任者处理的意见;

（5）检查控制事故的应急措施是否落实；

（6）写出事故调查报告。事故调查报告内容：事故的时间、地点、经过、影响种类和范围、伤亡人数、伤亡性质及其严重程度、经济损失、采取的应急措施和补救措施、事故原因、责任者及其处理决定、采取的防止类似事故再发生的纠正措施等。

3. 事故调查的工作程序

坚持分级管理的原则，2人以上事故由市级有关部门组成联合调查组，3人以上的重大死亡事故由省级有关部门组成联合调查组，10人以上的特大事故由国务院有关部门组成联合调查组。调查组人员要在做好事故救援、现场保护的基础上，尽早开展事故现场勘察工作，做好事故目击证人和有关当事人的询问笔录，确保掌握事故的真实性，主动配合上级调查组做好查处工作，在最短的时间内形成事故调查报告。

轻伤事故由所在单位或部门调查事故原因，拟订改进措施，填写伤亡事故登记表，报安全管理部门存档备案。

重伤、重大事故由企业管理处协助组织有关部门、单位及人员进行调查，根据调查结果，写出调查报告后，上报上级单位，并组织好事故分析会，提出处理意见和防范措施（即纠正措施）。

发生火灾事故后，由起火单位按照公安、消防机构的要求，保护现场接受事故调查，如实提供火灾的情况。

交通事故由相关部门配合有关政府部门进行调查。

重大环境影响事件相关部门配合有关部门进行调查。

4. 调查和处理要求

按照调查人员的调查、分析，最终必须做到"四不放过"，即原因不清不放过；责任不明不放过；措施不落实不放过（包括为防止类似事故再发生的纠正措施不落实不放过）；有关人员不受到教育不放过。

5. 收集原始资料

事故发生后，企业在岗值班人员、现场作业人员和其他有关人员应在下班或离开事故现场前，及时、如实提供现场情况并写出事故的原始材料。安全监督部门要及时了解事故情况,收集有关资料,并妥善保管。

事故调查组成立后,企业在岗值班人员、现场作业人员和安全监督人员应及时将有关材料提供给事故调查组。事故调查组应根据事故情况查阅有关运行、检修、试验、验收的记录文件,例如事故发生时的录音、故障录波图、计算机打印记录等,及时整理出说明事故情况的图表和分析事故所必需的各种资料和数据。

事故调查组在收集原始资料时应对事故现场搜集到的有关物证(如破损部件、碎片、残留物等)妥善保存,并贴上标签,注明地点、时间、物件管理人。

事故调查组有权向事故发生单位、有关部门及有关人员了解事故的有关情况并索取有关资料,任何单位、部门和个人不得隐瞒或拒绝。

6. 调查事故情况

对于安全事故,首先应查明事故发生前的状态,事故发生的直接原因、根本原因;事故对企业运行的影响、经济损失和潜在后果。

对于人身事故,应查明伤亡人员和有关人员的单位、姓名、性别、年龄、文化程度、工种、技术等级、工龄、本工种工龄等,并查明事故发生前工作内容、开始时间、许可情况、作业程序、作业时的行为及位置、事故发生的经过、现场救护情况;同时应查明事故发生前伤亡人员和相关人员的技术水平、安全教育记录、健康状况,过去的事故记录、违章违纪情况等。人身事故还应查明事故场所周围的环境情况(包括照明、湿度、通风、声响、道路、工作面状况以及工作环境中有毒、有害物质和易燃易爆物取样分析记录)、安全防护设施和个人防护用品的使用情况(了解其有效性、质量及使用时是否符合规定)。

对于火灾和设备事故,应查明发生的时间、地点、气象情况;查明事故发生前设备和系统的运行情况;查明事故经过、扩大及处理情况;查明设备事故有关的仪表、自动装置、断路器、保护、故障录波器、调整装置、遥控、录音装置和计算机等记录和动作情况；调查设备材料（包括订货合同、大小修记录等）情况以及规划、设计、制造、施工安装、调试、运行、检修等质量方面存在的问题；查明事故造成的设备损坏程度、经济损失。

了解现场规程制度是否健全，规程制度本身及其执行中暴露的问题；了解企业安全管理、安全生产责任制和安全技术培训等方面存在的问题。

7. 分析原因责任

一是事故调查组在事故调查的基础上，分析并明确事故发生、扩大的直接原因和间接原因。必要时，事故调查组可委托专业技术部门进行相关计算、试验、分析。

二是事故调查组在确认事实的基础上，分析是否存在人员违章、过失、失职、违反劳动纪律；安全措施是否得当；事故处理是否正确等。

三是根据事故调查的事实，通过对直接原因和间接原因的分析，确定事故的直接责任者和领导责任者；根据其在事故发生过程中的作用，确定事故发生的主要责任者、次要责任者、事故扩大的责任者。

四是凡事故原因分析中存在下列与事故有关的问题，确定为领导责任：安全生产责任制不落实；安全规程制度不健全；对职工安全教育培训不力；现场安全防护装置、个人防护用品、安全器具不全或不合格；防范事故措施不落实；同类事故重复发生；违章指挥。

8. 纠正和预防措施的采取、实施和有效性验证

对事故、事件需要采取纠正或预防措施的，由各部门按照规定指定纠正或预防措施，并进行事先风险评价、执行和有效性验证，并定期报企业安全管理部门。

9. 提出防范措施建议

事故调查组应根据事故发生、扩大的原因和责任分析，提出防止同类事故发生、扩大的组织和技术措施建议。

10. 提出人员处理建议

事故调查组在事故责任确定后,要根据有关规定提出对事故责任人的处理建议。由有关单位和部门按照人事管理权限进行处理。在事故处理中积极恢复设备运行和抢救、安置伤员;在事故调查中主动反映事故真相,使事故调查顺利进行的有关事故责任人员,可酌情从宽处理。

对下列情况应从严处理:

(1)违章指挥、违章作业、违反劳动纪律造成事故的;

(2)事故发生后隐瞒不报、谎报或在调查中弄虚作假、隐瞒真相的;

(3)阻挠或无正当理由拒绝事故调查,拒绝或阻挠提供有关情况和资料的;

(4)发生安全责任事故,造成较大社会影响,性质严重的。

事故处理按照《国务院关于重特大安全事故行政责任追究的规定》第十九条规定,在调查报告递交之日起 30 日内,对有关责任人员做出处理决定。

(三)事故报告

事故报告包括:

(1)在企业工作场所范围内发生"事件"后,发现人应及时向安全员及有关领导报告,有事故隐患、险情的,应立即采取措施消除,并做好记录。各部门及其员工应及时报告发现的事故、事件,职工发生事故,事故现场有关人员应立即报告安全主管人员,并逐级报告企业负责人。

(2)伤亡事故发生后,发现人应立即抢救伤员,保护事故现场,报告安全员。部门负责人根据事故的严重程度向上级报告。发生重伤、死亡、重大死亡事故时,企业负责人应当立即将事故发生地点、时间、伤亡情况、初步原因分析等事故概要向本地安全生产行政主管部门、公安部门、工会等相关部门报告。

(3)发生火灾、水淹、塌方等事故后,现场负责人或值班领导应组织扑救和抢救,同时向相关方报告,因火灾、爆炸造成的重伤、死亡事故,应同时报告所在地公安部门。

(4) 作业场所发生急性中毒事故,还应同时报告所在地卫生部门。

(5) 职工发生重伤、死亡事故应在 24 小时内报告所在地劳动局。

(6) 发生重伤、死亡事故时,应积极抢救受伤人员,保护现场,任何人不得擅自移动或取走现场物件。因抢救受伤人员和国家财产,防止事故扩大而需移动某些物件时,必须做标志和记录,对事故隐瞒不报者按有关法规严肃处理。

(7) 事故、事件应急报告内容通常包括:事故的时间、地点、简要经过、影响种类和范围、伤亡人数、经济损失、采取的应急措施等。

第七节　对矿山企业安全管理能力的评价

安全评价已成为我国现代先进安全管理的内容之一,《安全生产法》为安全评价等中介服务作出了明确的规定,从法律上明确了安全评价机构所负有的责任,也为安全评价提供了法律保障。实践证明,通过安全评价可有效提高矿山综合抗灾能力,促进矿山实现本质安全化生产,预防和控制重大事故发生。

一、安全评价对矿山安全生产的作用

安全评价对矿山安全生产的作用主要有:

(1) 矿山安全评价均由具有评价资质的机构、人员,按照严格的程序、标准,运用科学的方法进行,其评价结果和评价结论具有公平、公正和科学性,通过安全评价对矿山所具备的安全生产条件予以确认。

(2) 矿山安全评价人员均具有较丰富的专业技术知识、现代安全管理理论和经验,能对矿山安全生产状况给予比较全面、准确的评价。

（3）矿山安全评价从安全技术角度出发，查找、分析矿山各生产、辅助系统存在的重大危险源，危险、有害因素及其发展趋势，帮助矿山管理者和作业人员辨识危险、有害因素分布的部位、可能导致事故的潜在危险源、触发因素及事故概率、后果和程度。

（4）通过安全评价，分析、论证矿山生产工艺、作业方式的科学性、合理性，向矿山管理者和作业人员指出不合理的生产工艺及不完善的安全设施、装备、装置可能导致的事故后果及严重程度。

（5）安全评价可为矿山企业客观反映安全管理现状，查找、分析、论证其在安全管理、技术管理方面存在的问题及漏洞，并提出完善安全管理、技术管理的建议。

（6）矿山生产必须遵守国家有关法律、法规、规程及标准。通过安全评价，对照国家有关法律、法规、规程及标准，为矿山找出其存在的问题及不足，以实现矿山生产的标准化、科学化，并将其安全生产工作逐步纳入法制化、规范化轨道。

（7）安全评价以生产安全为目的，其最主要的作用是可以发现矿山存在的各类危险、有害因素及安全工作中的问题和不足，为矿山提供经济、合理、科学并具有可操作性的安全对策措施和安全管理、安全技术方面的建议。其中包括对重大危险源和危险、有害因素的监测、检查和控制措施；对矿山事故特别是重大事故的预防与控制措施；安全设施、设备和装置的完善措施及安全投资的最佳方案；对生产工艺、作业方式的优化和改进的建议；安全管理和技术管理的改进和完善措施。

（8）安全评价可以使企业预先识别矿山的危险源、危险有害因素，从而促使矿山管理者统一安排、统筹计划，调动各部门、各环节及各工种提前进行监测、检查，并采取预防、控制措施，确保安全生产，提高经济效益。

二、矿山企业安全评价的重点

安全评价的目的决定其必须具有系统性、真实性、科学性及公正性,所以,对矿山的安全评价要以严肃、科学的态度和认真、负责的精神进行。评价项目的重点不得遗漏,否则,安全评价报告一旦失真,评价目的就难以实现。根据矿山的行业特点,其安全评价的重点主要有以下几方面:

(1)矿山重大危险源辨识、分析与定性、定量评价。由于矿山自然、地质条件复杂,水、火、瓦斯、煤尘、顶板等重大危险因素的危险程度尽管各具差异,但始终存在。辨识其分布部位,分析其发展趋势,评价其发生事故的可能性及严重程度,方可为预防、控制事故提供准确依据。

(2)应采取的消除或减弱危险、有害因素的技术措施和管理措施。安全对策措施是安全评价的重要内容,也是矿山管理者最关心的评价内容之一。安全评价提出的对策措施要求具有经济、合理和可操作性,特别是对重大危险源监控、预防重大事故发生的安全对策措施,既包括安全、技术、人员装备、资金等综合措施,也包括监测监控、汇总分析、预测预报及救援预案等多方面内容。由于受矿山客观条件、评价人员综合素质等因素限制,为矿山提供经济合理、技术可行和可操作性的安全对策措施已成为矿山安全评价的难点。

(3)现场勘查是矿山安全评价的关键环节只有保证现场各类数据采集、现状检查、资料收集等的准确性、真实性、全面性,才能为单元评价提出安全对策措施及为做出客观、公正的评价结论提供基本依据。但由于矿山条件的复杂性与特殊性,真正能够做到准确、真实、全面又成为一大难点。

三、矿山企业安全评价的依据

在实践中,评价的主要依据为:《中华人民共和国劳动法》、《中华人民共和国安全生产法》、《中华人民共和国矿山安全法》、国家安全生产监督管理局、国家煤矿安全监督局(安监管技装字[2002]45 号)《关于加强安全评价机构管理的意见》、国家安全生产监督管理局的《安全评价通则》等。

四、安全评价方法的选择

在安全评价中,合理选择安全评价方法是十分重要的。在进行安全评价时,应该在认真分析并熟悉被评价系统的前提下,选择安全评价方法。选择安全评价方法应遵循充分性、适应性、系统性、针对性和合理性的原则。

（一）充分性原则

充分性是指在选择安全评价方法之前,应该充分分析评价的系统,掌握足够多的安全评价方法,并充分了解各种安全评价方法的优缺点、适应条件和范围,同时为安全评价工作准备充分的资料。

（二）适应性原则

适应性是指选择的安全评价方法应该适应被评价的系统。被评价的系统可能是由多个子系统构成的复杂系统,评价的重点各子系统可能有所不同,各种安全评价方法都有其适应的条件和范围,应该根据系统和子系统、工艺的性质和状态,选择适应的安全评价方法。

（三）系统性原则

安全评价方法获得的可信的安全评价结果,是必须建立在真实、合理和系统的基础数据之上的,被评价的系统应该能够提供所需的系统化数据和资料。

（四）针对性原则

所选择的安全评价方法应该能够提供所需的结果。由于评价的目的不同,需要安全评价提供的结果可能是危险有害因素识别、事故发生的原因、事故发生概率、事故后果、系统的危险性等,安全评价方法能够给出所要求的结果才能被选用。

（五）合理性原则

在满足安全评价目的、能够提供所需的安全评价结果的前提下,应该选择计算过程最简单、所需基础数据最少和最容易获取的安全评价方法,使安全评价工作量和要获得的评价结果都是合理的。

五、企业安全评价的主要内容

企业安全现状综合评价内容包括：

（1）评价企业安全管理模式对确保安全生产的适应性，明确安全生产责任制、安全管理机构及安全管理人员、安全生产制度等安全管理相关内容是否满足安全生产法律法规和技术标准的要求及其落实执行情况，说明现行企业安全管理模式是否满足安全生产的要求；

（2）评价企业安全生产保障体系的系统性、充分性和有效性，明确其是否满足企业实现安全生产的要求；

（3）评价各生产系统和辅助系统及其工艺、场所、设施、设备是否满足安全生产法律法规和技术标准的要求；

（4）识别企业生产中的危险、有害因素，确定其危险度；

（5）评价生产系统和辅助系统，明确是否形成了企业安全生产系统，对可能的危险、有害因素，提出合理可行的安全对策措施及建议。

对于一矿多井的企业，应先分别对各个自然井按上述要求进行安全现状综合评价，然后再根据所属自然井的安全评价结果对全矿进行安全现状综合评价。

六、企业安全评价程序

企业安全评价程序一般包括：前期准备；危险、有害因素识别与分析；划分评价单元；现场安全调查；定性、定量评价；提出安全对策措施及建议；做出安全评价结论；编制安全评价报告；安全评价报告评审等。流程见图 9-10。

（1）前期准备。明确评价对象和范围，进行现场调查，掌握企业安全管理状况，收集国内外相关法律法规、技术标准及与评价对象相关的企业行业数据资料。

（2）危险、有害因素识别与分析。根据企业工艺、开采方式、

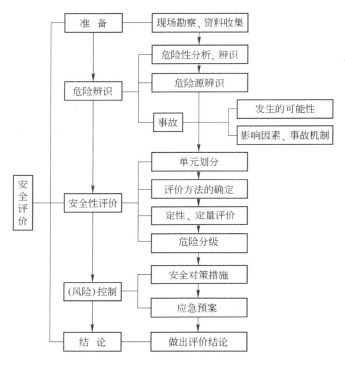

图 9-10 安全评价一般流程图

生产系统和辅助系统、周边环境及水文地质条件等特点,识别和分析生产过程中的危险、有害因素。

（3）划分评价单元。生产系统复杂的企业,为了安全评价的需要,可以按安全生产系统、开采水平、生产工艺功能、生产场所、危险与有害因素类别等划分评价单元。评价单元应相对独立,便于进行危险、有害因素识别和危险度评价,且具有明显的特征界限。

（4）现场安全调查。针对企业生产的特点,对照安全生产法律法规和技术标准的要求,采用安全检查表或其他系统安全评价方法,对企业的各生产系统及其工艺、场所和设施、设备等进行安全调查。并重点对以下内容加以明确:

1）安全管理机制、安全管理制度等是否适合安全生产；

2）安全管理制度、安全投入、安全管理机构及其人员配置是否满足安全生产法律法规的要求；

3）生产系统、辅助系统及其工艺、设施和设备等是否满足安全生产法律法规及技术标准的要求；

4）可能引起火灾、瓦斯与煤尘爆炸、煤与瓦斯突出、水害、片帮冒顶等灾害、机械伤害、电气伤害及其他危险、有害因素是否得到了有效控制；

5）明确通风、排水、供电、提升运输、应急救援、通讯、监测、抽放、综合防突等系统及其他辅助系统是否完善并可靠；

6）说明各安全生产系统、开采方法及开采工艺等是否合理；

7）明确采空区、废弃巷道（或边坡）是否都进行了管理，并得到了有效控制；

8）不满足安全生产法律法规或不适应企业安全生产的事故隐患有哪些。

（5）定性、定量评价。选择科学、合理、适用的定性、定量评价方法，对可能引发事故的危险、有害因素进行定性、定量评价，给出引起事故发生的致因因素、影响因素及其危险度，为制定安全对策措施提供科学依据。

（6）提出安全对策措施及建议。根据现场安全检查和定性、定量评价的结果，对那些违反安全生产法律法规和技术标准或不适合本企业的行为、制度、安全管理机构设置和安全管理人员配置，以及不符合安全生产法律法规和技术标准的工艺、场所、设施和设备等，提出安全改进措施及建议；对那些可能导致重大事故发生或容易导致事故发生的危险、有害因素提出安全技术措施、安全管理措施及建议。

（7）做出安全评价结论。简要地列出对主要危险、有害因素的评价结果，指出应重点防范的重大危险、有害因素，明确重要的安全对策措施。

（8）编制安全评价报告。安全评价报告是安全评价过程的记录,应将安全评价对象、安全评价过程、采用的安全评价方法、获得的安全评价结果、提出的安全对策措施及建议等写入安全评价报告。

（9）安全评价报告评审。企业将安全评价报告送有关单位组织专家进行技术评审,并由专家评审组提出书面评审意见,评价单位根据审查意见,修改、完善评价报告。

参 考 文 献

1 周爱民. 金属矿山安全现状与防治新技术. 采矿技术,2003,3(2):1～4

2 吴宗之,刘茂. 重大事故应急预案分级、分类体系及其基本内容. 中国安全科学学报,2003,13(1):15～18

3 邢娟娟. 重大事故的应急救援预案编制技术. 中国安全科学学报,2004,14(1):57～60

4 高长圈. 煤矿企业事故应急救援预案的编制与应用. 劳动保护,2005,1:86～89

5 毛益平,郭金峰. 非煤矿山安全评价技术与实践. 金属矿山,2003,322(4):7～10

6 安全验收评价导则(日安监管技装字[2003]79号). 国家安全生产监督管理局编制. 北京:2003,5

7 严涛. 煤矿安全评价的作用和重点. 劳动保护. 2005,4:14～15

8 中华人民共和国安全生产许可达标及检查验收实施条例. 吉林:吉林科学技术出版社,2004

9 国家安全生产监督管理局. 安全评价. 北京:煤炭工业出版社,2002

10 罗云等. 风险评价与安全分析. 北京:化学工业出版社,2004

11 国家安全生产监督管理局网站:http://www.chinasafety.gov.cn/,2005

12 中国安全生产科学研究院网站:http://www.chinasafety.ac.cn/,2005

13 窦永山,肖蕾,刘承秘. 德国鲁尔矿区的安全监察与管理. 中国煤炭,2001,27(4):45,52

14 唐春凯. 现代安全管理中的几个问题,安全管理,2004,6:11～12

15 熊卫军. 浅谈职业健康安全管理体系,信息技术与标准化,2002,4:50～53

16 D. J. 彼德森,T. A. 拉图雷特,T. T. 巴蒂斯. 兰德报告——组织机构与管理方面的关键技术. 矿业工程. 2003,1(2):42～46

17 曾新云. 职业健康安全管理体系认证,安徽建筑,2002,5:6～7

18 韩福荣. 现代工业企业质量管理,北京:北京工业大学出版社,2002

19 李国轩. 矿山安全性评价与安全事故的预防及处理实务全书. 北京:中国商业出版社,2002

20 罗云. 现代安全管理. 北京:化学工业出版社,2004

21 张兴容,李世嘉. 安全科学原理. 北京:中国劳动社会保障出版社,2004

22 全国注册安全工程师执业资格考试辅导教材编审委员会. 安全生产事故案例分析. 北京:煤炭工业出版社,2004

23 王利军. 企业质量管理体系实施中的接口管理. 新疆石油教育学院学报,2004(2):43～44

24 陈安国. 矿井热害产生的原因、危害及防治措施. 中国安全科学学报,2004,14

(8):3～6

25 刘亚立,陈日辉.井下安全事故分析与防范措施探讨.中国矿山工程,2004,33(1):35～38

26 公茂泉.南非矿山安全管理给我们的启示.安全生产,2004,276(6):61

27 赵传浩,陈中.现代化煤矿安全生产与安全管理的探讨.淮南职业技术学院学报.2005,5(16):106～108

28 郑爱珍.井巷工程破坏原因分析与防护.中国矿业,2002,11(6):68～69

29 任国琦.矿山爆破安全管理的重要度因果分析法.爆破,2003,20(2):77～79

30 戴小通.安全生产及"331"管理模式的应用.江西有色金属.2001,15(3):11～13

31 李海波.矿山坠井事故的原因及预防措施的探讨.工业安全与防尘.1999,1:9～12

32 李毫.应用系统安全理论探讨分析事故控制途径.江西铜业工程.1999,3:34～36

33 王文等.矿井热害的产生与治理.工业安全与保护.2003,29(4):33～36

34 高景峰等.矿井开采顺序的影响.内蒙古煤炭经济.2003,1:45～46

35 房照增.20世纪美国煤矿安全指导思想的演变.中国煤炭.2001,27(1):53～55

36 白文元,何昕,赵云胜.非煤矿山安全评价方法探讨.工业安全与环保.2004,30(8):32～34

37 李爱群.马钢电力供应事故原因探析及安全供电思考.工业安全与环保.2001,27(7):25～27

38 侯岩.防止电气误操作确保安稳长供电.石油化工安全技术.2003,19(1):52～54

39 王启明.非煤矿山安全生产形势、问题及对策.金属矿山.2005,352(10):1～6

40 张胜利,孟献臣.矿井运输事故发生的原因及对策.煤矿安全.2002,33(12):47～48

41 黄大勇.坠落溜井伤亡事故的原因及预防.金属矿山.2004,332(2):62～63

42 李岱起.矿井提升设备的使用与维修.甘肃科技.2005,21(3):127～129

43 崔中华.完善江苏省电力公司安全管理体系的构想.电力安全技术.2004,6(11):1～4

44 冶金地下矿山安全规程.冶金工业部/中国有色金属工业总公司/劳动部颁布.颁布日期:1990年4月28日.实施日期:1990年10月1日

45 冶金矿山安全规程(露天部分).冶金工业部颁发.1983年4月26日

46 爆破安全规程.国家标准局.1986年8月22发布,1987年5月1日实施

47 中华人民共和国矿山安全法实施条例.劳动和社会保障部.1996年10月30日颁布,1996年10月30日实施

48 国家安全生产监督管理局、国家煤矿安全监察局.煤矿安全生产基本条件规定.2003年8月1日实施

49 中华人民共和国矿山安全法.劳动部.1993年5月1日施行

50 王信成.矿山安全管理探讨.西部探矿工程.2005,113(9):15～16

51　崔岱,金英豪. 岩金地下矿山安全管理评述. 黄金. 2001(9):17～20

52　许泽峰. 企业安全文化建设初探. 电力安全技术. 2005,7(4):27～28

53　赵旭光. 浅析煤矿安全管理与安全意识的关系. 煤矿安全. 2004,35(9):56～57

54　张平远. 我国安全生产培训现状与对策. 中国煤炭. 2002,28(11):48～49

55　刘国兴. 浅谈如何加强煤矿安全技术培训. 煤矿安全. 2003,34(6):53～54

56　郑芳. 我国劳动保护的现状和对策. 科技创业月刊. 2004,10:68～69

57　石美遐. 我国女职工劳动保护立法问题研究. 中国安全科学学报. 2003,13(2):14～17

58　冉磊. 建筑企业建立"三合一"综合管理体系文件探讨. 西部探矿工程. 2005,104(1):214～216

59　刘祖文等. 紫金山金矿安全管理体系研究与实践. 有色金属(矿山部分). 2004,56(4):41～45

冶金工业出版社部分图书推荐

书　名	作　者	定价(元)
2012 年度钢铁信息论文集	中国钢铁工业协会信息统计部　等编	65.00
中国钢铁之最(2012)	中国钢铁工业协会《钢铁信息》编辑部　编	36.00
烧结技能知识 500 问	张天启　编著	55.00
煤气安全知识 300 问	张天启　编著	25.00
蓄热式高温空气燃烧技术	罗国民　编著	35.00
煤炭资源价格形成机制的政策体系研究	张华明　等著	29.00
冶金物化原理(高职高专)	郑溪娟　编	33.00
露天矿深部开采运输系统实践与研究	邵安林　著	25.00
基于习惯形成的中国居民消费行为研究	闫新华　著	20.00
稀土金属材料	唐定骧　等主编	140.00
稀土报告文集	马鹏起　著	180.00
鞍钢矿业铁矿资源发展战略的实践与思考	邵安林　著	78.00
钢铁企业电力设计手册(上册)	本书编委会	185.00
钢铁企业电力设计手册(下册)	本书编委会	190.00
钢铁工业自动化·轧钢卷	薛兴昌　等编著	149.00
冷热轧板带轧机的模型与控制	孙一康　编著	59.00
现代热连轧自动厚度控制系统	彭燕华　等主编	65.00
物理污染控制工程(本科教材)	杜翠凤　等编著	30.00